Der Gebrauch von Farbenindicatoren

Ihre Anwendung in der Neutralisationsanalyse
und bei der colorimetrischen Bestimmung
der Wasserstoffionenkonzentration

von

Dr. I. M. Kolthoff

Konservator am Pharmazeutischen Laboratorium
der Reichs-Universität Utrecht

Mit 7 Textabbildungen
und einer Tafel

Springer-Verlag Berlin Heidelberg GmbH

1921

ISBN 978-3-662-24323-7   ISBN 978-3-662-26440-9 (eBook)
DOI 10.1007/978-3-662-26440-9

Inhaltsverzeichnis.

Einleitung.

Die Farbenindicatoren werden hauptsächlich bei den Neutralisationsanalysen und bei colorimetrischen Bestimmungen der Wasserstoffionenkonzentration verwendet. Bei der Neutralisation von Säuren oder Basen muß der zugefügte Indicator gerade beim Erreichen des Äquivalenzpunktes seine Farbe verändern, wie man sagt „umschlagen". Nun ist die Konzentration der Wasserstoffionen im Äquivalenzpunkte nicht stets die gleiche; sie hängt ab von der Dissoziationskonstante der Säure oder Base, welche titriert wird, oder mit der man titriert. Hieraus folgt bereits, daß es nicht möglich ist, sämtliche Neutralisationsanalysen mit einem und demselben Indicator auszuführen. Die Wahl des zweckmäßigsten Indicators ist also abhängig von den Eigenschaften der jeweils in Frage kommenden Säuren oder Basen. Um dieses deutlich zu erkennen, ist es zweckmäßig, das Wesen der Neutralisationsreaktion ausführlich zu besprechen, was im ersten Kapitel geschehen ist. Im zweiten Kapitel wird darauf die Beziehung zwischen dem Farbumschlag eines Indicators und der Wasserstoffionenkonzentration erörtert. Im Anschluß daran wird im dritten Kapitel die Anwendung der Indicatoren bei der Neutralisationsanalyse behandelt.

In den letzten 10 Jahren werden auch die Farbenindicatoren mehr und mehr zur Bestimmung der Wasserstoffionenkonzentration benutzt (vgl. fünftes Kapitel). Im vierten Kapitel ist ausführlich besprochen, in welcher Weise die Farbe einer Indicatorlösung abgesehen von der Wasserstoffionenkonzentration, noch von verschiedenen anderen Faktoren beeinflußt wird. Die colorimetrische Methode stellt nur ein indirektes Verfahren dar, die erzielten Ergebnisse müssen also verglichen werden mit den Ergebnissen nach einer Standardmethode unter den gleichen Bedingungen. Da aber die colorimetrische Methode recht schnell auszuführen ist, wird man sie natürlich möglichst vielseitig anwenden. Die Indicatorpapiere sind ein äußerst handliches Mittel, um die Reaktion einer Flüssigkeit festzustellen. Im sechsten Kapitel werden ihre Eigenschaften und ihre Verwendungsmöglichkeiten zur quantitativen Bestimmung von p_H diskutiert. Endlich habe ich im siebenten Kapitel einen kurzen theoretischen Überblick über die Ursachen des Farbumschlages gegeben. Hantzsch hat aus seinen zahlreichen wichtigen Versuchen gefolgert, daß die alte Theorie von Wilhelm Ostwald bestimmt unrichtig ist. Da aber die Ostwaldsche Theorie vom didaktischen Standpunkt aus so sehr viel Vorteile bietet, habe ich seine Definition so weit abgeändert, daß sie nicht mehr der Ansicht von Hantzsch widerspricht. Die Auffassung von Julius Stieglitz kam hier trefflich zu paß.

Diese Arbeit erhebt keinen Anspruch darauf, lückenlos alles aufzuzählen, was von den Farbenindicatoren bekannt ist. Besonders habe ich das organisch-chemische Gebiet völlig außer Betracht gelassen, da die ausgezeichnete Monographie von Thiel, „Der Stand der Indicatorenfrage (1912)", fast ausschließlich diesem Gegenstand gewidmet ist. Vom physikalisch-chemischen Standpunkt aus sind die Indicatoren durch Niels Bjerrum in seinem ausgezeichneten Werke „Die Theorie der alkalimetrischen und azidimetrischen Titrierungen (1914)" eingehend behandelt. Dieser Arbeit im besonderen hat Verfasser viel zu verdanken. Die ausgezeichneten Arbeiten von E. B. R. Prideaux „The Use and Application of Indicators (1918)" und von W. Mansfield Clark „The Determination of Hydrogen Ions (1920)" kam erst in meine Hände, als das Manuskript bereits druckfertig war. Wo es nötig war, sind jedoch die Auffassungen dieser letzten Autoren berücksichtigt. Besonders in der Literaturübersicht des fünften Kapitels wurde die vollständige Liste von Clark dankbar benutzt.

Ich habe mich in der vorliegenden Arbeit bemüht, die praktische Anwendung der Farbenindicatoren in den Vordergrund zu stellen, ohne dabei jedoch die theoretischen Begründungen zu vergessen. Hoffentlich habe ich hiermit mein Ziel erreicht, allen denjenigen, die viel Farbenindicatoren bei Titrationen oder colorimetrischen Bestimmungen der Wasserstoffionenkonzentration benutzen, einen praktischen Leitfaden zu geben, ohne sie allzuviel mit schwierigen physikalisch-chemischen Ableitungen zu plagen.

Utrecht, September 1921.

Der Verfasser.

Erstes Kapitel.

Die Neutralisationsanalyse.

1. Das Prinzip der Neutralisationsanalyse. Bei dem Neutralisationsverfahren bestimmt man die Konzentration einer Säure durch Titration mit einer Base bis zum neutralen Salz. Umgekehrt wird in gleicher Weise die Stärke einer Base bestimmt. Wenn man die Säure durch den Ausdruck HA und die Base durch die Formel BOH darstellt, wird der Verlauf der Umsetzung durch folgende Gleichung versinnbildlicht:

$$HA + BOH \rightarrow BA + H_2O \quad \ldots \ldots \ldots \quad (1)$$

Nach der elektrolytischen Dissoziationstheorie sind Elektrolyte in ihren wäßrigen Lösungen teilweise in ihre Ionen zerfallen. So ist die Säure HA also teilweise in H-Ionen und A-Ionen, BOH in B-Ionen und OH-Ionen, das Salz BA in gleicher Weise in B-Ionen und A-Ionen gespalten. Man kann also die Gleichung (1) besser in folgender Form schreiben:

$$H^{\cdot} + A' + B^{\cdot} + OH' \rightarrow A' + B^{\cdot} + H_2O \quad \ldots \ldots \quad (2)$$

Mit anderen Worten, A' und $B^{\cdot}$ werden durch die Reaktion nicht berührt, da sie vor- und nachher unverändert in der Lösung vorhanden sind. Die Umsetzung besteht also einzig in der Vereinigung von H-Ionen und OH-Ionen zum Wasser, also:

$$H^{\cdot} + OH' \leftrightarrows H_2O \quad \ldots \ldots \ldots \ldots \quad (3)$$

Nun ist aber auch das reinste Wasser zu einem — freilich sehr kleinen — Teil in $H^{\cdot}$ und OH' dissoziiert, so daß die Gleichung (3) als eine umkehrbare Reaktion geschrieben werden muß. Wenn beide Seiten dieser Gleichung im Gleichgewicht sind, können wir unter Anwendung des Massenwirkungsgesetzes schreiben:

$$\frac{[H^{\cdot}] \times [OH']}{[H_2O]} = K \quad \ldots \ldots \ldots \ldots \quad (4)$$

Die Klammern bedeuten die Molarkonzentrationen der Komponenten.

1*

Wenn man mit verdünnten wäßrigen Lösungen arbeitet, kann man die Konzentration des Wassers als Konstante ansehen. Dann wird aus Gleichung (4):

$$[H^\cdot] \times [OH'] = K' = K_{H_2O} \quad \ldots \ldots \ldots \quad (5)$$

Diese Gleichung (5) ist die Grundlage der Neutralisationsanalyse. K_{H_2O} ist die Dissoziationskonstante oder besser gesagt die Ionisierungskonstante oder das Ionenprodukt des Wassers. Das Wasser spaltet gleichzeitig — freilich nur bis zu einem geringen Betrage — Hydroxyl- und Wasserstoffionen ab. Die Ionisierungskonstante des Wassers ist nur sehr klein und ist durch verschiedene Forscher mit guter Übereinstimmung bestimmt. Die Konstante ändert sich sehr stark mit der Temperatur. Nachstehende Tabelle gibt die Werte für die Dissoziationskonstanten des Wassers für verschiedene Wärmegrade nach Kohlrausch und Heydweiller (1) wieder [1]).

Dissoziations- (Ionisierungs-)Konstante des Wassers bei verschiedenen Temperaturen.

Temperatur	K_{H_2O}	p_{H_2O}
0⁰	$0{,}12 \times 10^{-14}$	14,93
18⁰	$0{,}59 \times \quad -$	14,23
25⁰	$1{,}04 \times \quad -$	13,98
50⁰	$5{,}66 \times \quad -$	13,25
100⁰	$58{,}2 \times \quad -$	12,24

2. Die Reaktion einer Flüssigkeit. In reinem Wasser ist die Menge der Wasserstoffionen gleich der Menge der Hydroxylionen. Setzen wir der Einfachheit halber $K_{H_2O} = 10^{-14}$, so finden wir für reines Wasser:

$$[H^\cdot]^2 = [OH']^2 = 10^{-14},$$

oder:
$$[H^\cdot] = OH'] = 10^{-7}.$$

In 10 000 000 Litern Wasser sind also 1 g Wasserstoff und 17 g Hydroxyl in Ionenform vorhanden. In sauren Lösungen ist die Menge von $[H^\cdot]$ größer als die von $[OH']$, in alkalischen Lösungen verhalten sich die Werte umgekehrt. Das Produkt der beiden Größen bleibt aber immer konstant.

----

[1]) Vgl. auch S. 139, Tabelle I.

Wenn also der Wert für $[H^{\cdot}]$ größer als 10^{-7} ist, so sprechen wir von einer sauren Reaktion. Ist aber $[OH']$ größer als 10^{-7}, so liegt eine alkalische Reaktion vor; ist $[H^{\cdot}] = [OH'] = 10^{-7}$, so haben wir die neutrale Reaktion.

Hierbei ist immer vorausgesetzt, daß die Temperatur etwa 23^0 ist, so daß immer $K_{H_2O} = 10^{-14}$ bleibt.

Aus der Gleichung (5) folgt,

$$[H^{\cdot}] = \frac{K_{H_2O}}{[OH']} \quad \ldots \ldots \ldots \ldots \ldots \quad (6)$$

und

$$[OH'] = \frac{K_{H_2O}}{[H^{\cdot}]} \quad \ldots \ldots \ldots \ldots \ldots \quad (7)$$

Wenn wir nun $[H^{\cdot}]$ kennen, können wir $[OH']$ berechnen und umgekehrt. Friedenthal (2) hat empfohlen, die Reaktion einer Flüssigkeit, auch wenn sie alkalisch ist, nur durch die Konzentration von $[H^{\cdot}]$ auszudrücken. Durch Anwendung der Gleichung (6) kann man dann stets $[OH']$ berechnen.

Für verschiedene Fälle hat es sich praktischer erwiesen, die Konzentration der Wasserstoffionen nicht als solche auszudrücken, sondern durch den negativen dekadischen Logarithmus der Konzentration oder durch den Logarithmus ihres reziproken Wertes. Dieser Vorschlag stammt von Sörensen (3), der den Wert Wasserstoffexponent nennt und durch das Zeichen p_H ausdrückt. Es ist dann:

$$p_H = -\log [H^{\cdot}] = \frac{1}{\log [H^{\cdot}]}$$

$[H^{\cdot}] = 10^{-p_H}$.

Wenn wir in gleicher Weise den Hydroxylexponent definieren und den negativen Logarithmus von K_{H_2O} p_{H_2O} nennen, so folgt aus Gleichung (5):

$$p_H + p_{OH} = p_{H_2O} \quad \ldots \ldots \ldots \ldots \quad (8)$$

Im Falle daß $K_{H_2O} = 10^{-14}$ ist, ist $p_{H_2O} = 14$. Es wird also aus der Gleichung (8):

$$p_H + p_{OH} = 14 \quad \ldots \ldots \ldots \ldots \quad (9)$$

In reinem Wasser ist $p_H = p_{OH} = 7$. Nun können wir die Reaktionen auch auf folgende Weise definieren:

$$p_H = p_{OH} = 7 \quad \text{neutrale Reaktion,}$$
$$p_H < p_{OH} < 7 \quad \text{saure Reaktion,}$$
$$p_H > p_{OH} > 7 \quad \text{alkalische Reaktion.}$$

Je kleiner also der Wasserstoffexponent ist, um so saurer ist die Flüssigkeit und je kleiner der Hydroxylexponent ist, um so stärker alkalisch ist sie. Wenn der Wasserstoffexponent um eins kleiner wird, so wird die Wasserstoffionenkonzentration zehnmal größer. Besonders bei graphischen Darstellungen bietet der Gebrauch des Wasserstoffexponenten statt der Konzentration Vorteile.

3. Säuren und Basen. Wie bekannt nennt man Säuren solche Stoffe, die in wäßriger Lösung Wasserstoffionen abspalten. Basen sind Körper, die Hydroxylionen abspalten. Zwischen den verschiedenen Säuren und verschiedenen Basen bestehen aber quantitative Unterschiede in der Stärke des sauren oder basischen Charakters. Je größer der Dissoziationsgrad ist, um so stärker ist die betreffende Säure oder Base.

Drücken wir wieder die Säure durch HA aus, so ist sie folgendermaßen dissoziiert:

$$HA \rightleftarrows H^{\cdot} + A' \qquad \ldots \ldots \ldots \ldots (10)$$

Nach dem Massenwirkungsgesetz ist dann:

$$\frac{[H^{\cdot}] \times [A']}{[HA]} = K_{HA} \qquad \ldots \ldots \ldots \ldots (11)$$

K_{HA} bedeutet die Dissoziationskonstante der Säure und [HA] ist die Konzentration der nicht ionisierten Säure. In einer reinen wäßrigen Lösung einer Säure ist $[H^{\cdot}] = [A']$, in einer solchen Lösung ist also

$$\frac{[H^{\cdot}]^2}{[HA]} = \frac{[A']^2}{[HA]} = K_{HA} \quad \text{oder}$$

$$[H^{\cdot}] = \sqrt{K_{HA}\,[HA]} \qquad \ldots \ldots \ldots \ldots (12)$$

Diese Gleichung gilt aber nicht für sehr starke, sondern nur für mittelstarke und schwache Säuren. Wenn wir nun für eine schwache Säure mit Hilfe der Gleichung (11) den Dissoziationsgrad α berechnen, finden wir, daß αc (welche in der reinen Säurelösung der Wasserstoffionenkonzentration gleich ist) meistens gegenüber der Gesamtkonzentration c klein ist, so daß wir ihn in bezug auf [HA] ohne großen Fehler vernachlässigen und also für [HA] die Gesamtkonzentration der Säure c einsetzen können. Die Gleichung (12) geht dann über in:

$$[H^{\cdot}] = \sqrt{K_{HA} \times c} \qquad \ldots \ldots \ldots \ldots (13)$$

Wenn wir nun p_H berechnen wollen, und wir nennen den negativen Logarithmus von K_{HA}, den Säureexponent p_{HA}, so finden wir:

$$p_H = {}^1/_2\, p_{HA} - {}^1/_2 \log c \quad \ldots \ldots \ldots \quad (14)$$

Daß wir [HA] in vielen Fällen gleich c setzen können, zeigt sich in folgendem Beispiel:

Die Dissoziationskonstante von Essigsäure beträgt bei 18^0 $1,8 \times 10^{-5}$. Das Verdünnungsgesetz von Ostwald, das sich ohne Schwierigkeiten ableiten läßt, heißt:

$$\frac{c\,\alpha^2}{1-\alpha} = K_{HA} \quad \ldots \ldots \ldots \ldots \quad (15)$$

Hierin bedeutet also c die Gesamtkonzentration der Säure

α den Dissoziationsgrad

und K_{HA} die Dissoziationskonstante.

In der nachstehenden Tabelle ist nun α berechnet für verschiedene Konzentrationen (c) und ausgedrückt in Prozenten von c.

$$K_{HA} = 1,8 \times 10^{-5}.$$

c	$100\,\alpha$	[H⋅] berechnet nach Gleichung (15)	[H⋅] berechnet nach Gleichung (13)
1/8	1,2	$1,50 \times 10^{-3}$	$1,50 \times 10^{-3}$
1/16	1,7	$1,06 \times\ -$	$1,06 \times\ -$
1/32	2,4	$0,75 \times\ -$	$0,75 \times\ -$
1/128	4,7	$0,37 \times\ -$	$0,37 \times\ -$
1/1024	12,7	$0,12 \times\ -$	$0,12 \times\ -$

Wenn α bekannt ist, so ist [H⋅] gleich αc, und ist so schnell zu berechnen.

Aus dieser Tabelle folgt u. a., daß 0,1 n.-Essigsäure zu etwa $1\,^0/_0$ in Ionen zerfallen ist. Wir können nun bei der Berechnung der Wasserstoffionenkonzentration in dieser Lösung ohne merklichen Fehler annehmen, daß die Konzentration der nicht ionisierten Säure gleich der Gesamtkonzentration ist. Durch vereinfachte Berechnung unter Vernachlässigung von α (Gleichung 13) und durch genaue Berechnung unter der Berücksichtigung von α (Gleichung 15) erhält man in der 0,1 n-Lösung den gleichen Betrag [H⋅] = 1,35 $\times 10^{-3}$.

Die Gleichung (13) behält also ihre Gültigkeit nur für die Fälle, in denen K_{HA} klein und die Verdünnung nicht allzu groß ist. Wenn aber der Dissoziationsgrad nicht mehr vernachlässigt werden darf, müssen wir zur Berechnung von [H⋅] die Gleichung (12) benutzen, die wir auch schreiben können:

$$[H^{\cdot}] = \sqrt{K_{HA} \cdot c\,(1-\alpha)} \quad \ldots \ldots \ldots \quad (15)$$

$$p_H = {}^1\!/_2\,p_{HA} - {}^1\!/_2 \log(c-\alpha) \quad \ldots \ldots \quad (16)$$

α läßt sich nach Gleichung (15) berechnen.

Wenn nun eine zweibasische Säure vorliegt, so hat man zwei Dissoziationskonstanten:

$$H_2A \rightleftarrows H^{\cdot} + HA'$$

$$HA' \rightleftarrows H^{\cdot} + A''$$

$$K_1 = \frac{[H^{\cdot}] \times [HA']}{[H_2A]}$$

$$K_2 = \frac{[H^{\cdot}] \times [A'']}{[HA']}.$$

Für die Berechnung von $[H^{\cdot}]$ in der Lösung einer freien Säure muß man den Wert von K_1 anwenden, so daß hier alles gilt, was von der einbasischen Säure gesagt ist. Dies trifft besonders zu für den meist vorkommenden Fall, daß die beiden Konstanten erheblich verschieden sind, weil dann die Dissoziation der zweiten Stufe stark erniedrigt wird.

Was hier von den Säuren gesagt ist, trifft genau so für die Basen zu, nur berechnet man in diesem Fall zunächst $[OH']$. Aus Gleichung (5) (S. 4) ist dann $[H^{\cdot}]$ direkt abzuleiten.

Zunächst werden hier die Dissoziationskonstanten einiger vielgebrauchten Säuren und Basen angeführt, dabei ist berechnet, wie groß die Wasserstoffionenkonzentration und der Exponent p_H in 0,1 n.-Lösung ist. K_{H_2O} ist bei 18^0 gleich $10^{-14,23}$ angenommen[1]).

Aus nebenstehender Tabelle ist der große Unterschied deutlich ersichtlich zwischen der wirklichen oder reellen Acidität, die der Wasserstoffionenkonzentration entspricht und der Titrieracidität, die gleich der Gesamtkonzentration der Säure und also auch gleich der Menge Lauge ist, die erforderlich ist zur Neutralisation bis zum Äquivalenzpunkt. In folgender Tabelle ist die Titrieracidität oder Alkalität aller Lösungen gleich, während die wirkliche Acidität sehr verschieden ist.

4. Hydrolyse von Salzen. Ist ein Salz in Wasser gelöst, so ist es zum Teil durch das Wasser in Säure und Base gespalten. Dies veranschaulichte man früher durch die Gleichung:

---

[1]) Vgl. auch Tabelle III, S. 140.

$$\text{Dissoziationskonstanten}$$

einiger Säuren und Basen bei 18°. [H$\cdot$] in 0,1 norm.-Lösung (4).

	K_1	K_2	K_3	[H$\cdot$] in 0,1 mol. Lösung	p_H
Starke Säuren	nicht anzugeben	—	—	9×10^{-2}	1,05
Kohlensäure	$3,04 \times 10^{-7} = 10^{-6,52}$	$6 \times 10^{-11} = 10^{-10,22}$	—	$1,23 \times 10^{-4}$ (gesättigt)	3,91
Phosphorsäure . .	$9 \times 10^{-3} = 10^{-2,05}$	$1,95 \times 10^{-7} = 10^{-6,7}$	$3,6 \times 10^{-13} = 10^{-12,44}$	$3,04 \times 10^{-2}$	1,52
Borsäure . .	$5,5 \times 10^{-10} = 10^{-9,26}$	—	—	$7,41 \times 10^{-6}$	5,13
Schwefelwasserstoff . .	$6 \times 10^{-8} = 10^{-7,22}$	$8 \times 10^{-15} = 10^{-14,1}$	—	$7,76 \times 10^{-5}$	4,11
Essigsäure .	$1,8 \times 10^{-5} = 10^{-4,75}$	—	—	$1,35 \times 10^{-3}$	2,87
Oxalsäure .	$3,8 \times 10^{-2} = 10^{-1,42}$	$4,9 \times 10^{-5} = 10^{-4,31}$	—	$6,55 \times 10^{-2}$	1,18
Phenol . . .	$1,0 \times 10^{-10} = 10^{-10}$	—	—	$3,16 \times 10^{-6}$	5,50
Starke Basen	nicht anzugeben	—	—	$6,6 \times 10^{-14}$	13,18
Ammoniak .	$1,7 \times 10^{-5} = 10^{-4,77}$	—	—	$4,42 \times 10^{-12}$	11,35
Pyridin . .	$1,6 \times 10^{-9} = 10^{-8,80}$	—	—	$4,68 \times 10^{-10}$	9,33
Anilin . . .	$3,5 \times 10^{-10} = 10^{-9,46}$	—	—	$1,0 \times 10^{-9}$	9,00

$$BA + H_2O \rightleftarrows BOH + HA.$$

In dieser Gleichung bedeutet BA das Salz, BOH die entstandene Base und HA die Säure. Da nun BOH und HA sich miteinander unter Bildung von BA und H_2O vereinigen, so ist die Reaktion wie auch angegeben umkehrbar.

Gegenwärtig versucht man sich die Hydrolyse zu erklären durch die Annahme, daß die Ionen des Salzes BA mit Wasser reagieren. Dieses stellt sich folgendermaßen dar:

$$B\cdot + H_2O \rightleftarrows BOH + H\cdot \quad \ldots \ldots \ldots (17)$$

$$A' + H_2O \rightleftarrows HA + OH' \quad \ldots \ldots \ldots (18)$$

Wenn wir nun ein Salz einer sehr starken Säure mit einer ebensolchen Base betrachten, so können wir die Hydrolyse völlig vernachlässigen, weil BOH und HA in großen Verdünnungen völlig dissoziiert sind. Das Gleichgewicht ist dann in den Gleichungen (17) und (18) völlig nach links verschoben. Die Lösung reagiert also neutral.

Haben wir dagegen mit einem Salz zu tun von einer starken Säure und einer schwachen Base, oder von einer schwachen Säure mit einer starken Base, dann ist dieses Salz in Wasser zu einem merklichen Betrage hydrolysiert. Im ersten Falle kann die Umsetzung nach der Gleichung (18) vernachlässigt werden, so daß man aus der Gleichung (17) folgern kann, daß die Lösung eines solchen Salzes sauer reagiert und ein Quantum nichtdissoziierte Base enthält, das mit der Wasserstoffionenkonzentration übereinstimmt. Im zweiten Fall reagiert die wäßrige Salzlösung alkalisch und enthält neben einem Überschuß von Hydroxylionen die gleiche Menge nichtdissoziierter Säure HA.

Betrachten wir endlich noch ein Salz einer schwachen Säure mit einer schwachen Base, so verlaufen in wäßriger Lösung die beiden Reaktionen nach Gleichungen (17) und (18) nebeneinander. Obgleich die Lösung eines solchen Salzes, wie beispielsweise essigsaures Ammoniak, völlig neutral reagieren kann, enthält sie doch eine gewisse Konzentration nichtdissoziierter, freier Säure und Base.

5. Berechnung der Wasserstoffionenkonzentration und des Hydrolysierungsgrads.

a) Wenn wir die Lösung eines Salzes ins Auge fassen, das aus einer starken Säure und einer starken Base besteht, so ist es nicht merklich hydrolysiert. Die Wasserstoffionenkonzentration einer solchen Lösung ist also dieselbe wie diejenige von reinem Wasser, sie beträgt also 10^{-7}; $p_H = 7$. In Wirklichkeit wäre dies natürlich nur der Fall, wenn wir das Salz in völlig neutralem Wasser auflösen. Wir können praktisch besser sagen, daß ein „neutrales Salz" die Reaktion von Wasser nicht ändert.

b) **Hydrolyse eines Salzes aus einer schwachen Säure und einer starken Base bei Zimmertemperatur.** Wie bereits behandelt, reagiert die Lösung eines solchen Salzes alkalisch, sie enthält also einen Überschuß von Hydroxylionen. Wenn wir nun die Gleichung (18) ansehen, zeigt sich, daß bei der Hydrolyse gleichviel HA und OH′ gebildet ist. Dies trifft natürlich nur zu bei der Annahme, daß die Base so stark ist, daß sie völlig dissoziiert ist. Auf das nach Gleichung (18) eingetretene Gleichgewicht können wir das Massenwirkungsgesetz anwenden und finden dann:

$$\frac{[HA] \times [OH']}{[A'] \times [H_2O]} = K' \quad \ldots \ldots \ldots \ldots \quad (19)$$

Wenn wir die Konzentration des Wasser konstant einsetzen, erhalten wir hieraus:

$$\frac{[HA] \times [OH']}{[A']} = K_{hydr.} \quad \ldots \ldots \ldots \quad (20)$$

Diesen Wert K nennt man **Hydrolysenkonstante**, $K_{hydr.}$ Nun wurde bereits früher gefunden, daß:

$$\frac{[H^{\cdot}] \times [A']}{[HA]} = K_{HA} \quad \ldots \ldots \ldots \ldots \quad (11)$$

und $\qquad\qquad [H^{\cdot}] \times [OH'] = K_{H_2O} \quad \ldots \ldots \ldots \ldots \quad (5)$

Aus (11) und (20) folgt nun:

$$\frac{[OH'] \times [H^{\cdot}]}{K_{HA}} = K_{hydr.}$$

und da $\qquad\qquad [H^{\cdot}] \times [OH'] = K_{H_2O}$ ist, wird

$$K_{hydr.} = \frac{K_{H_2O}}{K_{HA}} \quad \ldots \ldots \ldots \ldots \quad (21)$$

Oben ist bereits gesagt, daß in der Salzlösung [HA] gleich [OH'] ist. Wenn nun die Salzlösung völlig elektrolytisch dissoziiert ist, wird [A'] = c, wenn c die Salzkonzentration bedeutet. Aus (20) und (21) folgt dann:

$$\frac{[OH']^2}{c} = \frac{K_{H_2O}}{K_{HA}}$$

$$[OH'] = \sqrt{\frac{K_{H_2O} \times c}{K_{HA}}} \quad \ldots \ldots \quad (22)$$

$$p_{OH} = 7 - \tfrac{1}{2}\, p_{HA} - \tfrac{1}{2} \log c\,{}^1).$$

Da nun $p_H = 14 - p_{OH}$ ist, finden wir für eine solche Lösung:

$$p_H = 7 + \tfrac{1}{2}\, p_{HA} + \tfrac{1}{2} \log c \quad \ldots \ldots \quad (23)$$

---

[1]) Wenn nur die Annahme zulässig ist, daß das Salz teilweise dissoziiert ist, so ist $[A'] = \alpha\, c$, wenn α der Dissoziationsgrad ist. Gleichung (23) geht dann über in:

$$p_H = 7 + \tfrac{1}{2}\, p_{HA} + \tfrac{1}{2} \log \alpha + \tfrac{1}{2} \log c \quad (23a),$$

und Gleichung (25) in:

$$p_H = 7 - \tfrac{1}{2}\, p_{BOH} - \tfrac{1}{2} \log \alpha - \tfrac{1}{2} \log c \quad (25a).$$

Bei der Berechnung einer Hydrolyse der Lösung eines Salzes aus einer starken Säure und einer schwachen Base erhalten wir statt (22) folgende Gleichung:

$$[H^{\cdot}] = \sqrt{\frac{K_{H_2O}}{K_{BOH}} \times c} \quad \dots \dots \dots \quad (24)$$

$$p_H = 7 - {}^1\!/_2\, p_{BOH} - {}^1\!/_2 \log c \quad \dots \dots \quad (25)$$

Beispiel: Gesucht wird die Wasserstoffionenkonzentration einer n.-Lösung von Ammonchlorid. Wir rechnen hier mit $c = 1$ und $p_{BOH} = 4{,}75$.

$$p_H = 7 - 2{,}37^5 = 4{,}62^5,$$

das heißt $[H^{\cdot}]$ liegt zwischen 10^{-4} und 10^{-5} und ist $2{,}37 \times 10^{-5}$, was durch Messungen bestätigt worden ist.

Der Hydrolysierungsgrad β eines Salzes, ausgedrückt in Prozenten seiner Konzentration beträgt bei Salzen aus einer starken Säure und einer schwachen Base:

$$\beta = \frac{100\,[H^{\cdot}]}{c}.$$

Wenn aber der Hydrolysierungsgrad sehr gering ist ($\beta < 1\,^0\!/_0$), dürfen wir nicht annehmen, daß $[BOH] = [H^{\cdot}]$ (oder im umgekehrten Falle $[HA] = [OH']$), da in diesem Falle auch die Konzentration der Wasserstoffionen und der Hydroxylionen des Wassers in Betracht gezogen werden müssen. Die Gleichung, aus der man in jedem Falle p_H berechnen kann, wird jedoch so verwickelt, daß sie hier besser nicht berücksichtigt wird (vgl. Bjerrum 1914).

c) Hydrolyse von Salzen schwacher Säuren und schwacher Basen.

In diesem Falle sind die Umsetzungen nach Gleichungen (17) und (18) beide zu berücksichtigen. Durch die Hydrolyse bildet sich gleichviel unzersetztes BOH wie HA, wenn die Reaktion des Wassers nicht geändert wird.

$$B^{\cdot} + H_2O \rightleftarrows BOH + H^{\cdot} \quad \dots \dots \dots \quad (17)$$
$$A' + H_2O \rightleftarrows HA + OH' \quad \dots \dots \dots \quad (18)$$
$$H^{\cdot} + OH' \rightleftarrows H_2O \quad \dots \dots \dots \dots \quad (3)$$

Aus (17) läßt sich dann wieder ableiten, daß

$$K_{1\,hydr.} = \frac{K_{H_2O}}{K_{BOH}} \quad \dots \dots \dots \dots \quad (24)$$

Aus (18) folgt ebenso:

$$K_{2\,hydr.} = \frac{K_{H_2O}}{K_{HA}} \quad \ldots \ldots \ldots \ldots \quad (21)$$

Die Hydrolysekonstanten sind also umgekehrt proportional den Dissoziationskonstanten der Säure und der Base.

Betrachten wir nun ein Salz aus einer solchen Säure und Base, bei dem K_{HA} viel größer als K_{BOH} ist, so muß seine wäßrige Lösung sauer reagieren. Aus der Gleichung (17) dürfen wir aber nicht den Schluß ziehen, daß $[H^\cdot] = [BOH]$ ist, da der größte Teil der Wasserstoffionen durch die A-Ionen mit Beschlag belegt werden, die damit HA bilden. Nur wenn die Wasserstoffionenkonzentration nicht allzusehr von 10^{-7} abweicht, d. h. wenn sie nicht kleiner als 10^{-6} ist, dürfen wir die Annahme machen, daß $[BOH] = [HA]$ ist. Nach Gleichung (17) sollte doch stets $[H^\cdot]$ und $[BOH]$ direkt gleich groß sein, was nicht der Fall ist, da das entstandene $H^\cdot$, wie erwähnt, zur Bildung von HA gebunden wird. Wenn hierdurch die anfängliche Wasserstoffionenkonzentration ungeändert bleibt, wird $[BOH]$ genau so groß wie $[HA]$, denn auch die durch Hydrolyse entstandenen Hydroxylionen werden unter Bildung von BOH fortgenommen. Da nun die Wasserstoffionenkonzentration am Ende meist (zwischen 10^{-6} und 10^{-8}) klein ist, dürfen wir ohne großen Irrtum zu machen annehmen, daß die entstandenen Säure- und Basemengen gleich groß sind, daß also $[BOH]$ gleich $[HA]$ ist. Wir sind nun in der Lage, aus den bekannten Gleichungen die Wasserstoffionenkonzentration, den Wasserstoffexponenten und den Hydrolysegrad zu berechnen. Wie oben gezeigt wurde, ist:

$$\frac{[BOH] \times [H^\cdot]}{[B^\cdot]} = \frac{K_{H_2O}}{K_{BOH}} \quad \ldots \ldots \ldots \quad (24)$$

$$\frac{[HA] \times [OH']}{[A']} = \frac{K_{H_2O}}{K_{HA}} \quad \ldots \ldots \ldots \quad (21)$$

Durch Multiplikation von (21) und (24) ergibt sich

$$\frac{[BOH] \times [HA]}{[B^\cdot] \times [A']} = \frac{K_{H_2O}}{K_{HA}} \times K_{BOH}.$$

In der Annahme, daß das Salz völlig dissoziiert und die Konzentration gleich c sei, ist $[B^\cdot] = [A'] = c$. Ferner wurde vorher bewiesen, daß $[BOH] = [HA]$ ist. Dann ist

$$\frac{[BOH]^2}{c^2} = \frac{[HA]^2}{c^2} = \frac{K_{H_2O}}{K_{HA} \cdot K_{BOH}} \quad \dots \dots (26)$$

$$[BOH] = [HA] = c \sqrt{\frac{K_{H_2O}}{K_{HA} \cdot K_{BOH}}} \quad \dots \dots (27)$$

$$-\log [BOH] = -\log [HA] = -\log c + 7 - {}^1/_2\, p_{HA}$$
$$- {}^1/_2\, p_{BOH} \quad \dots \dots (28)$$

Wenn wir nun den Hydrolysengrad, wieder in Prozenten ausgedrückt, β nennen, ist

$$\beta = \frac{100\,[BOH]}{c} = 100 \sqrt{\frac{K_{H_2O}}{K_{HA} \cdot K_{BOH}}} \quad \dots \dots (29)$$

Da [BOH] bekannt ist, kann man aus (24) [H·] einfach berechnen. Es ist:

$$[H^\cdot] = \frac{c}{[BOH]} \cdot \frac{K_{H_2O}}{K_{BOH}} = \frac{c}{c\sqrt{\dfrac{K_{H_2O}}{K_{HA} \cdot K_{BOH}}}} \times \frac{K_{H_2O}}{K_{BOH}}.$$

Durch Umrechnung ergibt sich hieraus:

$$[H^\cdot] = \sqrt{\frac{K_{H_2O} \cdot K_{HA}}{K_{BOH}}} \quad \dots \dots \dots (30)$$

$$p_H = 7 + {}^1/_2\, p_{HA} - {}^1/_2\, p_{BOH} \quad \dots \dots \dots (31)$$

In gleicher Weise läßt sich [OH'] und p_{OH} ableiten. Aus (29) und (31) folgt, daß der Hydrolysierungsgrad und der Wasserstoffexponent unabhängig von der Konzentration des Salzes sind, wenn die Dissoziation vollständig ist. Ist dies nicht der Fall, und a der Dissoziationsgrad, so läßt sich ableiten, daß

$$[BOH] = [HA] = a\,c \sqrt{\frac{K_{H_2O}}{K_{HA} \times K_{BOH}}} \quad \dots \dots (27a)$$

$$\beta = 100\,a \sqrt{\frac{K_{H_2O}}{K_{HA} \times K_{BOH}}} \quad \dots \dots \dots (29a)$$

Beispiele: Als einfachstes Beispiel ist Ammonacetat anzuführen. Die Dissoziationskonstante von Essigsäure ist $10^{-4,75}$. Auch die Dissoziationskonstante von Ammoniak ist gleich $10^{-4,75}$. Aus (31) folgt nun, daß in einer Lösung von essigsaurem Ammon

$$p_H = 7,0 - 2,37^5 + 2,37^5 = 7,0.$$

Eine Lösung von Ammonacetat reagiert also völlig neutral. Der Hydrolysierungsgrad von Ammonacetat in wäßriger Lösung ist in Hundertsteln der Konzentration:

$$\beta = 100 \sqrt{\frac{10^{-14}}{10^{-9,5}}} = 10^{-0,25} = 0,563\,^0/_0.$$

In einer 0,1 n.-Ammonacetatlösung ist der Gehalt an unzersetzter Essigsäure und an Ammoniak also ungefähr

$$0,0006 \text{ n.}$$

Die Hydrolyse von Ammoniumformiat: Da Ameisensäure stärker sauer als Ammoniak basisch reagiert, reagiert die Lösung des Salzes dieser beiden Komponenten sauer:

$$K_{\text{Ameisensäure}} = 10^{-3,67}\,; \quad K_{\text{NH}_3} = 10^{-4,75}.$$

Der Wasserstoffexponent einer wäßrigen Lösung von ameisensaurem Ammoniak ist

$$p_H = 7 + 1,83^5 - 2,37^5 = 6,46.$$

Indem wir den Wasserstoffexponent einer solchen Salzlösung bestimmen (wie wir später sehen werden, läßt sich das mit Hilfe von Indicatoren leicht ausführen), können wir schnell feststellen, ob das Salz einen Überschuß an freier Säure oder Base enthält. Die Hydrolyse von Ammoniumcarbonat ist viel verwickelter [vgl. Wegscheider (5)].

d) Die Hydrolyse von sauren Salzen ist analytisch meist nicht wichtig. Es wird daher auf die Literatur verwiesen (6).

6. Hydrolyse bei höheren Temperaturen. Die Gleichungen für das Gleichgewicht der Hydrolysenprodukte gelten unverändert auch bei höheren Temperaturen. Wie gezeigt wurde, ist der Hydrolysierungsgrad und hiermit p_H abhängig von K_{H_2O} und K_{HA} oder K_{BOH}. Der Einfluß der Wärme auf die Dissoziationskonstanten vieler Säuren und Basen ist gering. So hat Noyes (7) die Veränderung der Dissoziationskonstante von Essigsäure und Ammoniak für verschiedene Temperaturen bestimmt.

t	0^0	18^0	25^0	50^0	100^0
Essigsäure K_{HA} . . .	—	$18,2 \times 10^{-6}$	—	—	$11,1 \times 10^{-6}$
Ammonium-hydroxyd K_{BOH} . . .	$13,9 \times 10^{-6}$	$17,2 \times 10^{-6}$	$18,0 \times 10^{-6}$	$18,1 \times 10^{-6}$	$13,5 \times 10^{-6}$

Wenn wir nun die Veränderung der Dissoziationskonstanten von den Säuren und Basen unter dem Einfluß einer Temperatursteigerung vernachlässigen dürfen, dann ändert der Hydrolysierungsgrad sich nur infolge der Dissoziationskonstante oder besser gesagt, der **Ionisierungskonstante** des Wassers, die bei einer Temperatursteigerung zunimmt.

Die Ionisierungskonstante von Wasser ist bei 100^0 etwa 100 mal so groß wie bei Zimmertemperatur.

Wie gezeigt wurde, können wir p_H in der Lösung eines Salzes einer starken Säure mit einer schwachen Base folgendermaßen berechnen (S. 12):

$$p_H = \tfrac{1}{2}\, p_{H_2O} - \tfrac{1}{2}\, p_{BOH} - \tfrac{1}{2} \log c \quad \dots \dots (25)$$

$\tfrac{1}{2}\, p_{H_2O}$ ist bei gewöhnlicher Temperatur gleich 7, bei 100^0 etwa gleich 6, mit andern Worten bei 100^0 ist p_H um 1 kleiner. Die Reaktion der Flüssigkeit ist also bei 100^0 um soviel saurer.

Umgekehrt wird in Salzlösungen von starken Basen und schwachen Säuren bei 100^0, übereinstimmend mit der Konzentration der Hydroxylionenexponent um den gleichen Betrag abnehmen.

In Salzlösungen von schwachen Säuren und schwachen Basen nehmen bei Temperatursteigerung p_H und p_{OH} um den gleichen Betrag ab.

7. Die Reaktion in einem Gemisch einer schwachen Säure mit ihrem Salz oder einer schwachen Base mit ihrem Salz. Puffergemische oder Regulatoren.

Eine schwache Säure ist nur zu einem geringen Betrag in Ionen gespalten. Wenn sie in Berührung mit ihrem Salz ist, wird die Dissoziation durch die gleichartigen Anionen noch zurückgedrängt. Umgekehrt ist der Dissoziationsgrad des Salzes groß, so daß wir, ohne einen großen Fehler zu machen, annehmen können, daß in einem Gemisch einer schwachen Säure mit ihrem Salz die Konzentration von [HA] gleich der totalen Säuremenge ist und daß das Salz völlig dissoziiert ist. Nun ist nach der Gleichung (11):

$$\frac{[H^\cdot] \times [A']}{[HA]} = K_{HA} \quad \dots \dots \dots (11)$$

Hieraus folgt:

$$[H^\cdot] = \frac{[HA]}{[A']} \cdot K_{HA} \quad \dots \dots \dots (32)$$

Wenn $[HA] = [A']$, was der Fall ist, wenn das Gemisch äquivalente Mengen Säure und Salz enthält, ist die Wasserstoffionenkonzentration gleich der Dissoziationskonstante der Säure. Aus (32) folgt, daß

$$p_H = \log C_S - \log C_{\text{Säure}} + p_{HA} \quad \cdots \cdots \quad (33)$$

Hierin bedeutet C_S die Salzkonzentration, und $C_{\text{Säure}}$ die Säurekonzentration. p_{HA} ist wieder der negative Logarithmus der Dissoziationskonstante.

In gleicher Weise können wir p_{OH} und hiermit p_H in Gemischen berechnen, die eine Base und ihr Salz enthalten.

Wenn wir nun eine Lösung herstellen wollen, die stark sauer ist, so kann man einfach so verfahren, daß man die konzentrierte Lösung einer starken Säure verdünnt. Aus Salzsäure erhält man z. B. noch Lösungen mit $p_H = 2$ (d. i. 0,01 n HCl). Wenn man aber Lösungen erhalten will, in denen p_H zwischen 3 und 7 schwankt, so kann man auf diesem Wege das Ziel nicht mehr mit genügender Genauigkeit erreichen. Denn wenn ich beispielsweise eine Salzsäurelösung mit $p_H = 6$ herstellen will, müßte ich sie so weit verdünnen, bis die Konzentration etwa 10^{-6}, also etwa millionstel normal ist. Natürlich kann man für eine derartige Lösung nicht einstehen. Schon eine Spur Alkali, die vielleicht das Glas abgegeben hat, ist hinreichend, um p_H von 6 auf etwa 8 zu verändern. Andererseits verursacht schon die geringe Menge Kohlensäure, die das destillierte Wasser aus der Atmosphäre aufgenommen hat, daß die Flüssigkeit stärker sauer wird.

Ebenso können wir nur stark alkalische Lösungen bereiten, indem wir konzentrierte Lösungen starker Basen verdünnen. Wollen wir aber Flüssigkeiten erhalten, die schwach alkalisch reagieren, in denen p_H also etwa zwischen 11 und 7 liegt, so müssen wir auch hier einen anderen Weg einschlagen.

Wie oben auseinandergesetzt ist, kann man nämlich Lösungen von beliebigem p_H herstellen, indem man eine schwache Säure oder Base mit ihrem Salz im verschiedenen Verhältnis mischt. Wie aus Gleichung (32) folgt, haben selbst geringe Mengen starker Säuren und Basen nur wenig Einfluß auf den p_H solcher Gemische; geringe Mengen Alkali vom Glase und Kohlensäure aus der Atmosphäre werden also keinen merkbaren Einfluß ausüben. Solche Gemische, die selbst einer Änderung der Reaktion entgegenwirken, nannte S. P. L. Sörensen (3) „Puffergemische". L. Michaelis (6) prägte den Ausdruck: „Regulatoren"; man kann auch sagen, daß solche Gemische „amphoter" reagieren, und sie Ampholyte nennen.

Alle Gemische von schwachen Säuren und ihren Salzen oder von schwachen Basen mit ihren Salzen sind also: Puffergemische oder Regulatoren oder Ampholyte.

Fels (9) war der erste, der solche Puffergemische benutzte. Durch Sörensen (3) wurden sie sehr häufig angewendet, und wie wir sehen werden (Kap. 4), sind sie bei colorimetrischen Bestimmungen der Wasserstoffionenkonzentration fast unentbehrlich. Wir können die Beobachtung machen, daß die Wasserstoff- oder Hydroxylionenkonzentration stets in der Nähe der Dissoziationskonstante der Säuren oder Basen liegt, von denen man ausgegangen ist. Wenn nämlich die Säure und die Salzkonzentration gleich groß sind, ist

$$p_H = p_{HA}.$$

Wenn wir das Verhältnis von Säure und Salz gleich 100 machen, wird

$$p_H = p_{HA} - 2.$$

Ist dagegen das Verhältnis 1/100, dann wird

$$p_H = p_{HA} + 2.$$

Es ist aber nicht statthaft, dieses Verhältnis noch größer wie 100 oder kleiner wie 1/100 zu machen, da sonst keine Pufferwirkung mehr eintritt. Wir können ganz allgemein sagen, daß wir aus einem Salz und seiner Säure Puffergemische machen können, in denen p_H zwischen $p_{HA} - 1{,}7$ und $p_{HA} + 1{,}7$ liegt.

Die besten Puffergemische erhält man, wenn man gleichwertige Mengen Säure und Salz mischt. Auf die Anwendung der Puffergemische komme ich später zurück bei der Besprechung der colorimetrischen Bestimmung der Wasserstoffionenkonzentration (Kap. 4).

8. Neutralisationskurven. Wenn wir die Veränderung der Wasserstoffionenkonzentration bei der Neutralisation einer Säure oder einer Base bildlich darstellen, so erhalten wir die Neutralisationskurve. Da die Wasserstoffionenkonzentration in so sehr weiten Grenzen sich ändert (z. B. bei 0,1 n-Salzsäure mit Natron zwischen 10^{-1} und 10^{-13}), kann man sie nicht auf gewöhnlichem Kurvenpapier zur Darstellung bringen; denn bei jeder Veränderung des Exponenten um 1 verändert sich die Wasserstoffionenkonzentration 10 mal. Man könnte also so nur ein sehr kleines Gebiet der Neutralisationskurve auf das Papier bringen. Dies hat u. a. Schoorl

(10) getan, der auf sehr übersichtliche Weise die Veränderungen der Wasserstoffionenkonzentration in der Nähe des Äquivalenzpunktes schematisch dargestellt hat. Will man aber eine Übersicht geben über den gesamten Verlauf der Neutralisationskurve, so muß man an Stelle einer Darstellung der Veränderung der Wasserstoffionenkonzentration die des Wasserstoffexponenten zeichnerisch auftragen.

Ich will nur den Verlauf der Neutralisationskurve für einige Arten von Säuren und Basen ableiten.

a) Neutralisationskurve einer starken Säure mit einer starken Base.

Wir wollen 100 ccm 0,1 n-Salzsäure mit Lauge bei Zimmertemperatur neutralisieren. Um die Berechnung von p_H nicht allzu verwickelt zu gestalten, machen wir die Annahmen, daß das Gesamtvolumen bei der Neutralisation unverändert bleibe und daß die Säure völlig dissoziiert sei. Wir finden dann während der Neutralisation nachstehende Werte:

$$
\begin{array}{ll}
\left.\begin{array}{lll} 100 \text{ ccm} & 0,1 \text{ n-Säure} \\ 0 \;,, & ,, & \text{Lauge} \end{array}\right\} & [H^{\cdot}] = 10^{-1}, \quad p_H = 1,0 \\[2ex]
\left.\begin{array}{lll} 100 \;,, & ,, & \text{Säure} \\ 90 \;,, & ,, & \text{Lauge} \end{array}\right\} & [H^{\cdot}] = 10^{-2}, \quad p_H = 2,0 \\[2ex]
\left.\begin{array}{lll} 100 \;,, & ,, & \text{Säure} \\ 99 \;,, & ,, & \text{Lauge} \end{array}\right\} & [H^{\cdot}] = 10^{-3}, \quad p_H = 3.0 \\[2ex]
\left.\begin{array}{lll} 100 \;,, & ,, & \text{Säure} \\ 99,9 \;,, & ,, & \text{Lauge} \end{array}\right\} & [H^{\cdot}] = 10^{-4}, \quad p_H = 4,0 \\[2ex]
\left.\begin{array}{lll} 100 \;,, & ,, & \text{Säure} \\ 100 \;,, & ,, & \text{Lauge} \end{array}\right\} & [H^{\cdot}] = 10^{-7}, \quad p_H = 7,0 \\[2ex]
\left.\begin{array}{lll} 100 \;,, & ,, & \text{Säure} \\ 101 \;,, & ,, & \text{Lauge} \end{array}\right\} & [H^{\cdot}] = 10^{-11}, \quad p_H = 11,0
\end{array}
$$

Wir ersehen hieraus, daß bei einer Neutralisation von $99^0/_0$ der Säure $p_H = 3$, bei $99,9^0/_0$ $p_H = 4$ und bei einer vollständigen Neutralisation $p_H = 7$ ist. Um also das letzte $0,1^0/_0$ der Säure zu neutralisieren, erhält man einen Sprung im p_H von 4 auf 7; einen gleich großen Sprung macht der Wert von p_H von 7 auf 10, wenn wir nach Erreichung des Gleichgewichtspunktes noch $0,1^0/_0$ Lauge hinzufügen. Man kann auch einfach berechnen, wie groß die genauen Werte für p_H in Wirklichkeit sind, wenn man die Verdünnung und den Dissoziationsgrad berücksichtigt. Wenn wir

2*

die Veränderung von p_H zeichnerisch darstellen, bekommen wir die Kurve I, Abb. 1 (S. 21). Auf der Ordinatenachse sind die Werte für p_H aufgetragen, Punkt 7 ist hier also genau der Äquivalenzpunkt. Auf der Abszissenachse ist aufgetragen, wieviel der Säure jeweils neutralisiert ist. Man sieht auf den ersten Blick den großen Sprung, den die Kurve in der Nähe des Äquivalenzpunktes (bei 50 Säure) von 3 auf 11 macht.

b) Neutralisationskurve einer schwachen Säure mit einer starken Base.

Als Beispiel einer schwachen Säure werden wir die Essigsäure wählen. Wie oben ausgeführt, ist die Dissoziationskonstante bei 18^0 gleich $1,8 \times 10^{-5} = 10^{-4,75}$. Wir können nun annehmen, daß in einer 0,1 n essigsauren Lösung die Menge unzersetzter Säure gleich der Gesamt-Konzentration ist (vgl. S. 7). Wir finden dann in dieser Lösung den Wert $p_H = 2,87^5$. Bei der Neutralisation wird die Essigsäure umgewandelt in das gutdissoziierte Acetat. Für die Berechnung der Neutralisationskurve können wir annehmen, daß das Salz völlig dissoziiert ist. Aus der Gleichung (32) folgt:

$$[H^\cdot] = \frac{[HA]}{[A']} \cdot K_{HA} \quad\cdots\cdots\cdots\cdots (32)$$

und aus (33):

$$p_H = \log C_{Salz} - \log C_{Säure} + p_{HA} \quad\cdots\cdots (33)$$

Die Menge zugefügter Lauge entspricht genau der Menge des geformten Salzes, also C_{Salz}. Wie im Abschnitt „Hydrolyse" gezeigt, reagiert das „neutrale Salz" in Wirklichkeit nicht neutral, sondern alkalisch, und zwar ist in 0,1 n-Lösung $p_H = 8,87^5$.

Nehmen wir wieder an, daß wir von 100 ccm 0,1 n-Essigsäure ausgehen und daß das Gesamtvolumen bei der Neutralisation unverändert bleibt, während das Salz völlig dissoziiert ist, so finden wir die folgenden Werte für p_H:

100 ccm 0,1 n-Essigsäure			
0 „	„ Lauge	$p_H =$	2,87
100 „	„ Essigsäure		
10 „	„ Lauge	$p_H =$	3,80
100 „	„ Essigsäure		
50 „	„ Lauge	$p_H =$	4,75 ($= p_{HA}$)

$$100 \text{ ccm } 0{,}1 \text{ n-Essigsäure} \atop 90 \text{ ,, \quad ,, Lauge}\Bigg\} \; p_H = \; 5{,}70$$

$$100 \text{ ,, \quad ,, Essigsäure} \atop 95 \text{ ,, \quad ,, Lauge}\Bigg\} \; p_H = \; 6{,}03$$

$$100 \text{ ,, \quad ,, Essigsäure} \atop 100 \text{ ,, \quad ,, Lauge}\Bigg\} \; p_H = \; 8{,}87$$

$$100 \text{ ,, \quad ,, Essigsäure} \atop 101 \text{ ,, \quad ,, Lauge}\Bigg\} \; p_H = 11{,}0$$

Kurve II (Abb. 1) zeigt die Veränderung von p_H während der Neutralisation. Wir sehen, daß sie nach der Überschreitung des Äquivalenzpunktes mit der Laugenkurve (d. h. der Natronkurve) zusammenfällt. Bei der Zugabe von Lauge zum essigsauren Natrium verändert sich p_H fast so, als wenn Natronlauge zur Kochsalzlösung zugegeben wird. In gleicher Weise, wie es hier für Essigsäure und Natronlauge gezeigt ist, können wir auch bei der Neutralisation einer starken Säure mit einer schwachen Base die Werte für p_H berechnen. Da diese Berechnung mutatis mutandis genau so ausfällt, erübrigt es sich, sie nochmals ausführlich hier auszuführen.

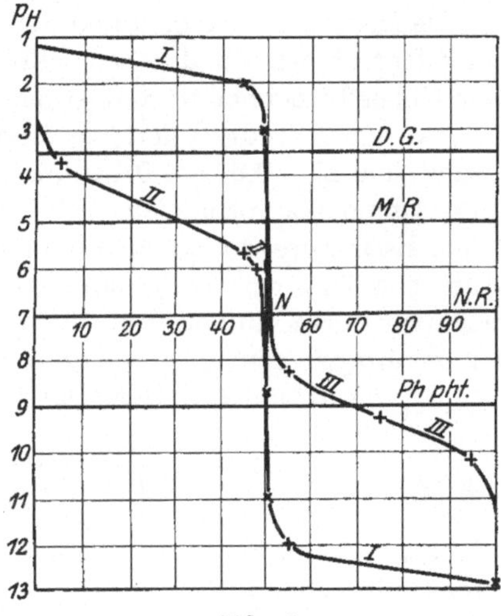

Abb. 1.

Kurve III (Abb. 1) zeigt die Werte für die Neutralisation von Ammoniak mit Salzsäure. Man sieht wieder, daß sie nach Erreichung des Äquivalenzpunktes, wo alles Ammoniak in Ammoniumchlorid übergeführt ist, mit der Salzsäurekurve zusammenfällt. In Kapitel III sind noch einige Neutralisationskurven von mehrbasischen Säuren angeführt.

c) Neutralisation einer schwachen Säure mit einer schwachen Base.

Da auch die Salze von schwachen Säuren mit schwachen Basen im allgemeinen gut dissoziiert sind, können wir auch hier die Annahme machen, daß die Menge der zu der Säure zugefügten Base gleich der Menge der gebildeten Anionen ist. Die Neutralisationskurve einer schwachen Säure mit einer schwachen Base wird also zu Anfang den gleichen Verlauf zeigen, wie die entsprechende Kurve der Salzbildung aus einer schwachen Säure mit einer starken Base. Infolge der weitgehenden Dissoziation des gebildeten Salzes wird der Verlauf der Kurve in der Nähe des Äquivalenzpunktes anders sein. Als Beispiel für diesen Fall wollen wir die Veränderungen von p_H berechnen, die bei der Neutralisation von Essigsäure mit Ammoniak oder umgekehrt eintreten (11).

Die Dissoziationskonstanten für Essigsäure und Ammoniak sind einander fast gleich und haben bei 18^0 den Wert $1,8 \times 10^{-5} = 10^{-4,75}$. Wie früher berechnet wurde, ist das neutrale essigsaure Ammoniak zu etwa $0,6^0/_0$ hydrolysiert. In 100 ccm 0,1 n-Ammoniumacetatlösung sind also 0,6 ccm 0,1 n unzersetzte Essigsäure und 0,6 ccm 0,1 n-Ammoniak vorhanden. Gibt man zu 99 ccm Ammoniumacetat 1 ccm Essigsäure, so hat man in dem Gemisch etwa 1,6 ccm Essigsäure und 98,4 ccm essigsaures Salz. Es ist hierbei, um die Berechnung nicht unnötig zu komplizieren, die Zurückdrängung der Hydrolyse zunächst außer acht gelassen. Die Wasserstoffionenkonzentration des Gemisches beträgt dann:

$$[H^{\cdot}] = \frac{1,6}{98,4} \times 10^{-4,75} \quad p_H = 6,54.$$

Ebenso kann man p_H berechnen für Gemische von Ammonacetat mit kleinen Mengen Ammoniak.

Wir können so die folgende Tabelle für die Neutralisation von Essigsäure mit Ammoniak aufstellen:

$$
\begin{array}{ll}
100 \text{ ccm Essigsäure} \\
 0 \text{ ,, Ammoniak}
\end{array} \Big\} \, p_H = 2,87
$$

$$
\begin{array}{ll}
100 \text{ ,, Essigsäure} \\
 50 \text{ ,, Ammoniak}
\end{array} \Big\} \, p_H = 4,75
$$

$$
\begin{array}{ll}
100 \text{ ,, Essigsäure} \\
 90 \text{ ,, Ammoniak}
\end{array} \Big\} \, p_H = 5,70
$$

$$
\begin{array}{ll}
100 \text{ ,, Essigsäure} \\
 95 \text{ ,, Ammoniak}
\end{array} \Big\} \, p_H = 5,98
$$

$$
\begin{array}{ll}
100 \text{ ,, Essigsäure} \\
 98 \text{ ,, Ammoniak}
\end{array} \Big\} \, p_H = 6,32
$$

$$100 \ \text{ccm Essigsäure} \atop 99 \ \text{,, Ammoniak} \Bigr\} \ p_H = 6,54$$

$$100 \ \text{,, Essigsäure} \atop 100 \ \text{,, Ammoniak} \Bigr\} \ p_H = 7,10$$

$$100 \ \text{,, Essigsäure} \atop 101 \ \text{,, Ammoniak} \Bigr\} \ p_H = 7,66$$

$$100 \ \text{,, Essigsäure} \atop 102 \ \text{,, Ammoniak} \Bigr\} \ p_H = 7,88$$

$$100 \ \text{,, Essigsäure} \atop 105 \ \text{,, Ammoniak} \Bigr\} \ p_H = 8,22$$

Die Veränderung von p_H ist in der Kurve IV (Abb. 2) wiedergegeben. Wir sehen aus der Tabelle, daß das neutrale Salz hier genau neutral reagiert bei $p_H = 7,1$.

p_{H_2O} ist hier mit 14,2 eingesetzt.

Auch hier sehen wir deutlich den Sprung in der Nähe des Äquivalenzpunktes, wenngleich er hier kleiner als in Abb. 1 ist.

Wir sehen, daß diese Neutralisationskurve von Essigsäure mit Ammoniak bis zu 5% vor dem Äquivalenzpunkte zusammenfällt mit der gleichen Kurve für Essigsäure und Natronlauge. Auch 5% nach Überschreitung des Äquivalenzpunktes deckt sie sich mit der Salzsäure-Ammoniakkurve. Nur in der Nähe des Äquivalenzpunktes weichen sie stark voneinander ab. Man kann also von Essigsäure und Ammoniak eine große Reihe Puffergemische herstellen.

Im allgemeinen kann man die Neutralisationskurve einer

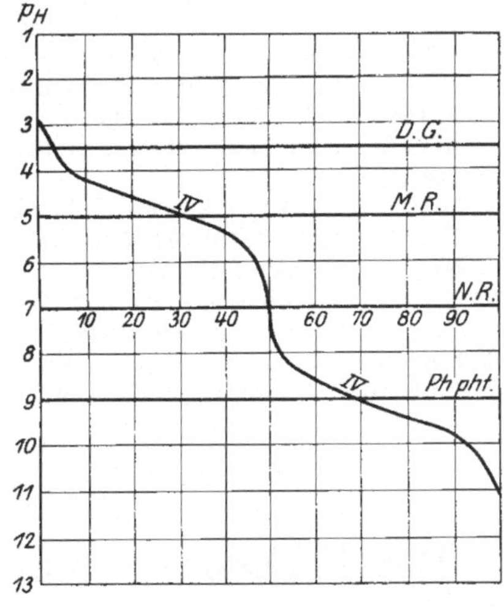

Abb. 2.

beliebigen Säure mit einer beliebigen Base ableiten, wenn die Dissoziationskonstanten bekannt sind. Im Kapitel III werden wir sehen, daß die Kenntnis der Neutralisationskurve für die Wahl des passenden Indicators bei der Titration nötig ist.

Literatur-Übersicht zum ersten Kapitel.

1. Kohlrausch und Heydweiller, Ann. d. Physik (4) **28**, 512 (1909). — Nernst, Zeitschr. f. physik. Chem. **14**, 155 (1894). — Lorenz und Böhi, Zeitschr. f. physik. Chem. **66**, 733 (1909). — Kanolt, Journ. of the Americ. chem. soc. **29**, 1414 (1907). — Noyes, Kato und Sosman, Zeitschr. f. physik. Chem. **73**, 20 (1910). — Lunden, Journ. de Chim. Phys. **5**, 574 (1907). — Wijs, Zeitschr. f. physik. Chem. **12**, 514 (1893). — Löwenherz, Zeitschr. f. physik. Chem. **20**, 283 (1896). — Lunden, Journ. de Chim. Phys. **5**, 574 (1907). — Fales und Nelson, Journ. of the Americ. chem. soc. **37**, 2769 (1915). — Beans und Oakes, Journ. of the Americ. chem. soc. **42**, 2116 (1920). — Lewis, Brighton und Sebastian, Journ. of the Americ. chem. soc. **39**, 2245 (1917).
2. Friedenthal, Zeitschr. f. Elektrochem. **10**, 113 (1904).
3. Sörensen, Cpt. rend. du Lab. Carlsberg, 8, 28 (1909); Biochem. Zeitschr. **21**, 131, 201 (1909).
4. Nach Landolt, Börnstein und Roth, 4. Aufl. (1912). Vgl. auch Tabelle I am Schlusse dieses Buches.
5. Wegscheider, Monatsh. f. Chem. **37**, 425 (1916).
6. Literatur über die Hydrolyse von sauren Salzen: Noyes, Zeitschr. f. physik. Chem. **11**, 495 (1893). — Trevor, Zeitschr. f. physik. Chem. **10**, 321 (1892). — Walker, Journ. of the chem. soc. London **61**, 696 (1892). — Smith, Zeitschr. f. physik. Chem. **25**, 144, 193 (1898). — Tower, Zeitschr. f. physik. Chem. **18**, 17 (1895). — Mc Coy, Journ. of the Americ. chem. soc. **30**, 688 (1908). — Chandler, Journ. of the Americ. chem. soc. **30**, 694 (1908). — Enklaar, Chem. Weekbl. 8, 824 (1911). — Dhatta und Dhar, Journ. of the chem. soc. London. **107**, 824 (1915). — Thoms und Sabalitzschka, Ber. d. Dtsch. Chem. Ges. **50**, 1227 (1915); **52**, 567, 1378 (1919).
7. Noyes, Journ. of the Americ. chem. soc. **30**, 349 (1909).
8. Michaelis, Die Wasserstoffionenkonzentration. Berlin, Springer 1914.
9. Fels, Zeitschr. f. Elektrochem. **10**, 208 (1904).
10. Schoorl, Chem. Weekbl. **3**, 719, 771, 807 (1904).
11. Kolthoff, Pharmac. Weekbl. **57**, 787 (1920).

Zweites Kapitel.

Der Farbenumschlag der Indicatoren.

1. Definition. Nach Wilhelm Ostwald sind Farbenindicatoren schwache Säuren oder Basen, die im nichtdissoziierten Zustand eine andere Farbe besitzen als im Ionenzustand. Hantzsch u. a. haben gezeigt, daß die Farbenänderung nicht durch die Ionisierung, sondern durch die Konstitutionsänderung bedingt ist. Aber die Erklärung von Ostwald ist doch am zweckmäßigsten, um sich das Verhalten der Indicatoren bei verschiedenen Wasserstoffionenkonzentrationen klar zu machen. Späterhin (vgl. Kap. VII, S. 124) werde ich noch auf einen Vergleich der Anschauungen von Ostwald und Hantzsch zurückkommen. Wir werden dann sehen, daß die Auffassung von Hantzsch die Ostwaldschen Gedankengänge erweitert, sie aber nicht ersetzen kann. Weiter werden wir sehen, daß es ratsam ist, die Ostwaldsche Definition etwas abzuändern und zu sagen: Indicatoren sind Säuren oder Basen, deren ionogene Form eine andere Farbe und Konstitution besitzt, als die Pseudo- oder normale Form.

2. Farbenumschlag und Intervall der Indicatoren. Wenn wir den Indicator auffassen als eine Säure, so wird diese in wäßriger Lösung zu einem bestimmten Betrage in ihre Ionen gespalten sein. Nennen wir diese Indicatorsäure HJ, dann wird die Ionisierung durch folgende Gleichung veranschaulicht:

$$HJ = H^{\cdot} + J' \quad \ldots \ldots \ldots \ldots (34)$$

Hierin stellt HJ die saure und J' die alkalische Form dar. Quantitativ wird das Verhältnis durch folgende Gleichung wiedergegeben:

$$\frac{[H^{\cdot}] \cdot [J']}{[HJ]} = K_{HJ} \quad \ldots \ldots \ldots \ldots (35)$$

Hieraus folgt:

$$\frac{[J']}{[HJ]} = \frac{K_{HJ}}{[H^{\cdot}]} \quad \ldots \ldots \ldots \ldots (36)$$

Wenn $K_{HJ} = [H^{\cdot}]$ ist, dann ist auch $[J'] = [HJ]$ und der Indicator ist zur Hälfte in seine alkalische Form übergegangen. Aus der Gleichung (36) geht hervor, daß das Verhältnis zwischen der alkalischen und der sauren Form eine Funktion von $[H^{\cdot}]$ ist. Wir können also bei einem Farbenindicator nicht von einem Umschlagpunkt sprechen, da der Indicator nicht bei einer bestimmten Wasserstoffionenkonzentration plötzlich von der einen in die andere Form überspringt. Die Farbenveränderung findet, wie aus (36) hervorgeht, allmählich statt, wenn die Wasserstoffionenkonzentration ungefähr die gleiche Größenordnung besitzt wie die Dissoziationskonstante des Indicators. Bei jeder Wasserstoffionenkonzentration ist natürlich ein bestimmter Teil in saurer und alkalischer Form vorhanden. Da man aber nur gewisse Mengen der einen Form neben der anderen erkennen kann, ist der „Umschlag" des Indicators durch bestimmte Gehalte an Wasserstoffionen begrenzt. Drücken wir die beiden Grenzpunkte der Wahrnehmbarkeit des Umschlages in p_H aus, so bedeutet das Gebiet des Wasserstoffionenexponenten zwischen den beiden Grenzwerten das Umschlagsintervall oder Umschlagsgebiet des Indicators. Die Größe dieses Intervalls ist nicht für alle Indicatoren gleich, weil man bei dem einen Indicator die Färbung des sauren oder des alkalischen Anteils empfindlicher neben dem anderen Teil erkennen kann wie bei einem anderen.

Nehmen wir nun an, daß in einem gegebenen Falle etwa 10% der alkalischen Form vorhanden sein muß, um neben der sauren Form sichtbar zu sein, so haben wir:

$$\frac{[J']}{[HJ]} = \frac{K_{HJ}}{[H^{\cdot}]} = \frac{1}{10}.$$

Dann ist: $[H^{\cdot}] = 10 \times K_{HJ}$ und

$$p_H = p_{HJ} - 1 \quad \ldots \ldots \ldots \ldots \ldots (37)$$

Hierin bedeutet p_{HJ} den negativen Logarithmus von K_{HJ}. Machen wir die weitere Annahme, daß der Indicator praktisch völlig in die alkalische Form umgesetzt ist, wenn etwa 90% in dieser Form anwesend sind, dann ist:

$$\frac{[J']}{[HJ]} = \frac{K_{HJ}}{[H^{\cdot}]} = 10.$$

Oder: $[H^{\cdot}] = 1/10 \; K_{HJ}$ und

$$p_H = p_{HJ} + 1 \quad \ldots \ldots \ldots \ldots (38)$$

Nach (37) beginnt das Umschlagen des Indicators bei einem p_H, das um 1 kleiner als p_{HJ} ist; und ist praktisch völlig beendet, wenn p_H um 1 größer als p_{HJ} ist. Das Umschlagsgebiet umfaßt dann bei diesem Indicator 2 Einheiten des Wasserstoffexponenten. Bei den meisten Indicatoren beträgt dies Grenzgebiet wirklich 2. Wenn nun die saure Form ebenso deutlich neben der alkalischen Form sichtbar ist wie umgekehrt, dann verändert sich die Farbe bei einer gleichen Veränderung von p_H, gleichviel oberhalb und unterhalb von p_{HJ}. Wenn wir nun in einer Kurve die Menge der alkalischen Form aufzeichnen, die sich bei verschiedenen Wasserstoffexponenten erhalten, so erhalten wir eine bilogarithmische Linie, deren Zweige oberhalb und unterhalb von 50% symmetrisch zueinander verhalten. Abb. 3 gibt eine solche Kurve wieder, in der die Werte für p_H auf der Abszissenachse und die Gehalte an der alkalischen Form auf der Ordinatenachse aufgezeichnet sind. Die Kurve verläuft asymptotisch zur Abszissenachse, da bei jedem p_H eine gewisse Menge der sauren neben der alkalischen Form und umgekehrt anwesend ist (vgl. auch die Ausschlagtafel I am Ende des Buches).

Bjerrum (1) benutzte zuerst eine solche Kurve, um den Umschlag eines bestimmten Indicators graphisch darzustellen. Clark und Lubs (2) haben dann graphisch gezeigt, wie sich die Dissoziation (α) bei verschiedenen p_H ändert. Diese letztere Darstellung

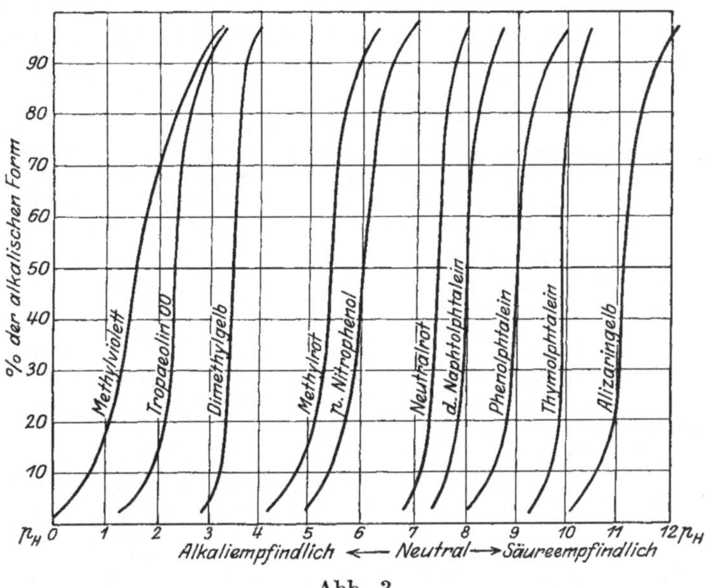

Abb. 3.

ist aber etwas weniger übersichtlich, denn diese Kurven verlaufen je nachdem, ob wir es mit einer Indicatorsäure oder einem basischen Indicator zu tun haben, von unten links nach rechts oben, oder von rechts unten nach oben links. Die nach Art der Abb. 3 gezeichneten Kurven haben alle den analogen Verlauf. Man kann auch aus einer solchen Kurve einfach die Werte für p_{HJ} ablesen, da diese gleich p_H sind, wenn je 50 % des Indicators in saurer und alkalischer Form vorhanden sind.

Salm (3) hat eine Tabelle für 70 Indicatoren ausgearbeitet, in der er für alle ganzzahligen Werte von p_H (1, 2, 3, 4 usw.) die Färbung der Indicatorlösung angibt. Hier wird also nicht das genaue Umschlagsgebiet angegeben. Erst Sörensen (4) hat letzteres für mehrere Indicatoren mit großer Genauigkeit bestimmt. Er beobachtete die Farben derselben in Puffergemischen, deren p_H mit Hilfe der Wasserstoffelektrode genau bestimmt wurde. Seine Ergebnisse sind bereits bei dem Entwurf der Abb. 3 benutzt und sind im einzelnen für verschiedene praktisch benutzte Indicatoren mit einzelnen Ergänzungen des Verfassers nachstehend angeführt. Am Ende dieses Buches findet man eine ausgedehntere Tabelle von mehreren Indicatoren und eine Ausschlagtafel, wo das Umwandlungsintervall der wichtigsten Indicatoren graphisch wie in Abb. 3 angegeben ist.

Umschlagsintervalle einiger Indicatoren nach Sörensen.

Indicator	Intervall in p_H	Indicatormenge in 10 ccm	saure	alkal. Färbung	Bemerkungen
Methylviolett .	0,1— 3,2	3—8 Tr. 0,5°/$_{00}$	gelb	violett	über grün
Methylgrün[1] . .	0,3— 2	1—4 „ 0,5 „	gelb	grün-blau	
Tropäolin[1] 00 .	1,3— 3,2	1—5 „ 1 „	rot	gelb	scharf. Umschl.
Benzopurpurin)[1]	1,3— 5,0	1—3 „ 0,5 „	blau-violett	orange	unscharf
Dimethylgelb (Dimethyl-aminoazo-benzol) . . .	2,9— 4,0	5—10 „ 0,1 „	rot	gelb	scharf
Methylorange .	3,1— 4,4	3—5 „ 0,1 „	rot	orange-gelb	„
Methylrot . . .	4,2— 6,3	2—4 „ 0,2 „	rot	gelb	„
p-Nitrophenol .	5,0— 7,0	3—20 „ 0,4 „	farblos	gelb	„
Neutralrot . . .	6,8— 8,0	2—5 „ 0,1 „	rot	gelb	„
Azolithmin. . .	5,0— 8,0	10—20 „ 0,5 „	rot	blau	ziemlich scharf
Phenolphthalein	8,2—10,0	3—20 „ 0,5 „	farblos	gelb	scharf
Thymol-phthalein . .	9,3—10,5	3—10 „ 0,4 „	farblos	blau	„
Alizaringelb . .	10,1—12,1	5—10 „ 0,1 „	gelb	lila	„
Alizarinsulfo-saures Natron, 2. Umschl. . .	10,0—12,0	4—16 „ 0,1 „	braun-rot	hell-gelb	ziemlich scharf
Tropäolin 0[1] . .	11,0—13,0	5—10 „ 0,1 „	gelb	orange-braun	ziemlich scharf

[1] Diese Werte sind vom Verfasser bestimmt. Für Methylrot wurden die Angaben von Palitzsch in der Biochem. Zeitschr. 37, 131 (1911) bestätigt.

Von Lubs und Clark (5) wurde eine neue Reihe von Indicatoren gefunden in den Phenolsulfonphthaleinen, die besonders schöne Umschlagsfarben ergeben und vielleicht in der Bakteriologie eine Rolle spielen werden (vgl. S. 109).

Nach Clark und Lubs fügt man zu 10 ccm der Flüssigkeit fünf Tropfen der Indicatorlösung. Unterstehende Tabelle gibt die Umschlagsintervalle der Indicatoren nach Clark und Lubs.

Umschlagsintervalle der Indicatoren nach Clark und Lubs.

Name des Indicators	Handelsname	Konzentration	Intervall in p_H	saure	alkal. Färbung
Thymolsulfon- phthalein	Thymolblau	0,04%	1,2—2,8	rot	gelb
Tetrabromphenol- sulfonphthalein .	Bromphenolblau	0,04 ,,	3,0—4,6	gelb	blau
Dibromorthokresol- sulfonphthalein .	Bromkresolpurpur	0,02 ,,	5,2—6,8	gelb	purpur
Dibromthymolsulfon- phthalein	Bromthymolblau	0,04 ,,	6,0—7,6	gelb	blau
Phenolsulfon- phthalein	Phenolrot	0,02 ,,	6,8—8,4	gelb	rot
Orthokresolsulfon- phthalein	Kresolrot	0,02 ,,	7,2—8,8	gelb	rot
Thymolsulfon- phthalein	Thymolblau	0,04 ,,	8,0—9,6	gelb	blau

Auch aus der graphischen Darstellung ist eine einfache Einteilung für die verschiedenen Indicatoren ersichtlich, auf die bereits Schoorl (6) hingewiesen hat. Liegt nämlich das Umschlagsgebiet eines Indicators in der Nähe von $p_H = 7$, so ist er gleichempfindlich für Wasserstoff- wie für Hydroxylionen, man nennt ihn dann neutral- oder gleichempfindlich. Ist aber der Indicatorexponent p_{HJ} — d. h. der negative Logarithmus von K_{HJ}, der dem Wert von p_H entspricht, wenn 50% des Indicators umgesetzt ist — kleiner als 7, so schlägt der Indicator erst bei saurer Reaktion um, er heißt dann: alkaliempfindlich. Ist aber der Säureexponent größer als 7, so tritt der Umschlag erst bei alkalischer Reaktion ein, der Indicator ist also: säureempfindlich.

Einteilung der Indicatoren.

Umschlagsgebiet etwa $p_H = 7$: neutraler Indicator

z. B. Neutralrot, Phenolrot, Azolithmin

$$p_H > 7 \text{ säureempfindlich,}$$

z. B. Phenolphthalein und Thymolphthalein

$$p_H < 7 \text{ alkaliempfindlich,}$$

z. B. Dimethylgelb, Methylrot.

Versetzt man also eine neutral reagierende Lösung, wie es die meisten Leitungswässer sind, mit verschiedenen Indicatoren, so gibt:

Neutralrot eine Zwischenfarbe,

Phenolphthalein die saure Farbe (farblos),

Dimethylgelb die alkalische Färbung (gelb).

Wenn man also die Reaktion einer Lösung gegen einen Indicator feststellt, so erhält man nicht die wahre Reaktion, wie sie im ersten Kapitel definiert wurde. Reagiert eine Flüssigkeit beispielsweise gegen Phenolphthalein sauer, so wissen wir, daß ihr p_H kleiner als 8 ist, und reagiert sie alkalisch gegen Dimethylgelb, so ist p_H größer als 4,2. Nur wenn wir die Schattierung bestimmen, die Neutralrot in einer gegebenen Flüssigkeit annimmt, so entspricht der saure oder alkalische Farbenton der wahren sauren oder alkalischen Reaktion.

Bisher haben wir stets von Indicatorsäuren gesprochen. Genau dieselbe Theorie gilt auch für die Betrachtung von Indicatorbasen JOH:

$$JOH \leftrightharpoons J^{\cdot} + OH'$$

$$\frac{[J^{\cdot}]}{[JOH]} = \frac{K_{JOH}}{[OH']} \qquad \cdots \cdots \cdots \cdots (39)$$

Hierin bedeuten $J^{\cdot}$ die saure und $[JOH]$ die basische Form. Da nun $[OH']$ gleich $\dfrac{K_{H_2O}}{[H^{\cdot}]}$ ist, ist auch das zweite Glied der Gleichung (39):

$$\frac{K_{JOH}}{[OH']} = \frac{K_{JOH}}{K_{H_2O}} \times [H^{\cdot}]$$

Setzen wir nun gerade so wie bei den sauren Indicatoren die Konzentration der alkalischen Form in den Zähler ein, so erhalten wir:

$$\frac{[JOH]}{[J^{\cdot}]} = \frac{K_{H_2O}}{K_{JOH} \times [H^{\cdot}]} \qquad \cdots \cdots \cdots (40)$$

Wenn wir nun für $\dfrac{K_{H_2O}}{K_{JOH}}$ eine neue Konstante K' einsetzen, so geht die Gleichung (40) in die Form über:

$$\frac{[JOH]}{[J^\cdot]} = \frac{K'}{[H^\cdot]} \quad \ldots \ldots \ldots \ldots \quad (41)$$

Wir erhalten hier also die analoge Gleichung wie bei den sauren Indicatoren und können also alles, was dort über das Umschlagsgebiet gesagt ist, auch auf die basischen Indicatoren anwenden.

Das Umschlagsgebiet ist nun für jeden Indicator ein anderes und auch mit dieser Einschränkung keine feststehende Größe. Abgesehen von den subjektiven Beobachtungsgaben ist es auch abhängig von der Dicke der Flüssigkeitsschicht, die beobachtet wird, von der Indicatorkonzentration und der Temperatur.

Insbesondere die Konzentration des Indicators wurde bisher niemals genügend beachtet. Da diese aber bei der colorimetrischen Bestimmung der Wasserstoffionenkonzentration und auch bei manchen Titrationen von Bedeutung ist, so soll sie hier eingehend besprochen werden.

3. Der Einfluß der Indicatorkonzentration auf das Umschlagsgebiet. Wie gleich ersichtlich, besteht ein prinzipieller Unterschied zwischen den ein- und den mehrfarbigen Indicatoren. Erstere werden als die einfachsten zunächst besprochen.

a) Einfarbige Indicatoren. Nehmen wir wieder an, daß der Indicator eine Säure ist von der Formel HJ, so folgt aus der Gleichung (35):

$$\frac{[J']}{[HJ]} = \frac{K_{HJ}}{[H^\cdot]}$$

$$[J'] = \frac{K_{HJ}}{[H^\cdot]} \cdot [HJ] \quad \ldots \ldots \ldots \quad (42)$$

Hierin bedeutet $[J']$ den Gehalt an der gefärbten und $[HJ]$ den der ungefärbten Form. Nehmen wir nun eine bestimmte Lösung, deren $[H^\cdot]$ durch ein bestimmtes Puffergemisch fixiert ist, dann ist in der Gleichung (42) $\dfrac{K_{HJ}}{[H^\cdot]}$ eine Konstante, welche wir K' nennen; es wird dann:

$$[J'] = K' \cdot [HJ] \quad \ldots \ldots \ldots \ldots \quad (43)$$

Hieraus wird deutlich, daß die Menge der gefärbten Form proportional der Konzentration des nicht dissoziierten Indicators ist. Wenn nun [HJ] größer wird, so wird die Färbung bei gleichbleibender Wasserstoffionenkonzentration auch in gleichem Verhältnis stärker. Da aber die meisten Indicatoren nur sehr wenig löslich sind, so nähert sich [HJ] sehr schnell dem Sättigungszustand, so daß die Farbe nur bis zu einem gewissen Grade zunehmen kann. Hat der Indicator die Löslichkeit O, dann ist bei einer bestimmten [H'] die größtmögliche Farbenstärke [J'] gegeben durch:

$$[J'] = O \times K' \qquad \qquad (44)$$

in Worten ausgedrückt heißt es, daß beim Zusatz eines einfarbigen Indicators zu einem bestimmten Puffergemisch die Farbintensität anfangs zunimmt bis zu einem Maximum, bei dem die Lösung mit dem Indicator gesättigt ist. Andererseits ist auch ein gewisses Minimum des Indicators erforderlich, damit die Sichtbarkeitsgrenze der gefärbten Form erreicht wird, es muß also eine gewisse Menge der gefärbten Form vorhanden sein, damit sie wahrgenommen werden kann. Diese erforderliche Menge ist nicht ein für allemal anzugeben, da sie außer von der subjektiven Beobachtungsgabe besonders von der Schichtdicke der Flüssigkeit abhängt. Ist nun bestimmt, welche Menge der gefärbten Form mindestens vorhanden sein muß, um wahrnehmbar zu sein, und ist dieses Minimum J'_{min}, so ist

$$[J'_{min}] = [HJ_{min}] \times K' \qquad \qquad (45)$$

Bei einer gegebenen Wasserstoffionenkonzentration schwankt die Menge von [J'], d. h. der Farbgrad zwischen $[HJ_{min}] \times K'$ und $O \times K'$. Aus dem Vorhergehenden folgt, daß diese Betrachtung für die colorimetrische Bestimmung der Wasserstoffionenkonzentration von sehr großer Bedeutung ist. Wir werden weiterhin nochmals auf diesen Punkt zurückkommen (Kap. 4).

Aber bei einfarbigen Indicatoren hat die Konzentration des Indicators auch Einfluß auf die Größe seines Umschlagsgebietes. Bei der Annahme, daß wir zwei einfarbige Indicatoren benutzen, deren gefärbte Form gleich deutlich wahrnehmbar ist [also J_{min} gleich groß] und deren Dissoziationskonstante auch gleich groß sind, während immer die zur Sättigung der Lösung erforderliche Menge angewandt wird (also [HJ] = [O]), dann folgt aus den

Gleichungen (42) bis (45), daß der Anfang des Umschlagsgebietes liegt bei einer Wasserstoffionenkonzentration:

$$[H^\cdot] = \frac{O}{[J'_{min}]} \cdot K_{HJ} \qquad\qquad (46)$$

Wenn nun die Löslichkeit des einen Indicators 100mal so groß ist wie die des anderen, so wird bei gleicher Wasserstoffionenkonzentration die Konzentration der gefärbten Form des ersten Indicators 100mal so groß sein, als der entsprechende Wert des zweiten. Mit anderen Worten: der Anfang des Umschlagsintervalls des ersten Indicators wird bei einer Wasserstoffionenkonzentration liegen, die ein hundertstel so groß ist als die, bei der der zweite Indicator umzuschlagen beginnt, wenn man nämlich mit gesättigter Indicatorlösung arbeitet. Das p_H des Umschlagsbeginns des ersten Indicators wird also um 2 kleiner sein als der unter Anwendung des anderen Indicators gefundene Wert. Obgleich also die beiden Indicatoren gleiche Dissoziationskonstante haben, so ist doch das Umschlagsgebiet des leichter löslichen Indicators bedeutend ausgebreiteter.

Der Endpunkt des Umschlagsintervalls wird von dem leichter löslichen Indicator praktisch nur eine Kleinigkeit früher erreicht werden, als von dem minder leicht löslichen. Dieser Unterschied ist aber nicht sehr bedeutungsvoll. Weil das Indicatorsalz leicht löslich ist, so werden wir am Ende des Farbumschlags doch nur schwierig wieder eine gesättigte Indicatorlösung erreichen, weil wir dann eine große Menge des Indicators zugeben müßten wegen der Salzbildung.

Bei der Annahme, daß das Ende des Umschlagsgebiets erreicht ist, wenn $91\,\%$ des Indicators in alkalischer Form vorliegt, so liegt das Umschlagsgebiet eines Indicators in gesättigter Lösung zwischen den Wasserstoffionenkonzentrationen

$$[H^\cdot] = \frac{[O]}{[J'_{min}]} \cdot K_{HJ} \quad\text{und}\quad [H^\cdot] = \frac{9}{91} \times K_{HJ} = {}^1\!/_{10}\, K_{HJ}$$

oder zwischen

$$p_H = p_{HJ} + \log \frac{[J'_{min}]}{O} \quad\text{und}\quad p_H = p_{HJ} + 1.$$

Aus der nachstehenden Untersuchung ist ersichtlich, daß diese Betrachtungen von praktischer Bedeutung sind. Es wurde schon erwähnt, daß die Löslichkeit von Phenolphthalein ziemlich viel größer ist, als die von Thymolphthalein, so daß also die Größe des Umschlagsgebiets von Phenolphthalein auch viel größer ist als die des Thymolphthaleins. Weiterhin ist wieder die Löslichkeit des p-Nitrophenols noch viel größer als die des Phenolphthaleins, so daß also das p-Nitrophenol ein sehr großes Umschlagsgebiet hat.

Phenolphthalein. Ein Handelspräparat wurde nach der Vorschrift von Mc Coy (7) mit Methylalkohol gereinigt. Mit $70\,^0/_0$igem Alkohol wurde dann eine $1\,^0/_{00}$ige Lösung angefertigt. Von dieser ließ ich aus einer Bürette verschiedene Mengen in ein Maßkölbchen mit Wasser tropfen, das dann auf 50 ccm aufgefüllt wurde. Die so erhaltenen Lösungen wurden in Nesslers Colorimetergläser gegossen und gegen einen schwarzen Hintergrund betrachtet, um festzustellen, bei welcher Konzentration die Opaleszenz der Flüssigkeit gerade noch zu beobachten war. Durch mehrfache Wiederholung des Versuches wurde gefunden, daß der Grenzwert bei 4 ccm der $1\,^0/_{00}$igen Lösung in 50 ccm Gesamtvolumen lag; hier war die Opaleszenz gerade noch sichtbar. Die Genauigkeit dieser Untersuchungsart beträgt aber nur etwa 10 bis $15\,^0/_0$. Die Löslichkeit beträgt nach obenstehendem Versuch etwa 8 ccm $1\,^0/_0$iger Lösung in 1000 ccm, das entspricht etwa 1/4000 molar, während Mc Coy eine Löslichkeit von nur 1/12000 molar gefunden hatte.

Weiterhin versuchte ich festzustellen, welche kleinste Konzentration der roten Form $[J'_{min}]$ in Nesslerschen Colorimetergläsern mit einer Schichtdicke von 8 cm gegen einen weißen Hintergrund noch durch eine Rotfärbung zu erkennen war. Von der erwähnten $1\,^0/_{00}$igen Lösung wurden verschiedene Verdünnungen gemacht. Zu je 50 ccm gab ich 1 ccm 4 n-Natronlauge und beobachtete nun, bei welcher Konzentration eine schwache Rotfärbung gerade erkennbar wurde. Bei einer Indicator-Konzentration von 2×10^{-6} molar war die Rotfärbung gerade noch zu sehen, bei einem Gehalt von 1×10^{-6} war sie zweifelhaft. Bei den von mir gewählten Bedingungen können wir also annehmen, daß $[J'_{min}]$ gleich 2×10^{-6} molar ist. Bei den gewöhnlichen Titrationen ist dieser Wert natürlich größer, da dann ungünstigere Wahrnehmungsbedingungen vorliegen.

Weiter wurde untersucht, bei welchem Gehalt an der gefärbten Form eine weitere Zugabe in den Nesslerschen Colorimetergläsern keine für unser Auge deutlich bemerkbare Veränderung zu beobachten war. Dies war der Fall, wenn $5-6$ ccm einer $1\,^0/_{00}$igen

Lösung zu 50 ccm zugegeben waren, und bei anderen Versuchen 1,5 ccm 0,5 $^0/_{00}$iger Verdünnung.

Hieraus folgt, daß der Beginn des Umschlagsgebietes einer gesättigten Phenolphthaleinlösung liegt bei:

$$[H^{\cdot}] = \frac{O}{[J'_{min}]} \cdot K_{HJ}$$

$$O = 1/4000 = 2,5 \times 10^{-4} \text{ molar}$$

$$[J'_{min}] = 2 \times 10^{-6} \text{ molar}$$

und bei der Zugrundelegung von $p_{HJ} = 9,7$ ist

$$p_H = 9,7 + \log \frac{2 \times 10^{-6}}{2,5 \times 10^{-4}} = 7,6.$$

In der Tat zeigte ein mit Phenolphthalein gesättigtes Borsäure-Boraxgemisch die Sichtbarwerdung der rosa Farbe bei $p_H = 7,8$.

Wenn also Mc Coy angibt, daß die Rotfärbung von Phenolphthalein erst bei $[H^{\cdot}] = 10^{-8}$ sichtbar ist, so müßte er auch angeben, welche Konzentration des Indicators er anwandte.

Der Endpunkt des Gebietes liegt aber in unserem Falle bei einem p_H, das kleiner als 10,0 ist, und zwar bei der Anwendung einer gesättigten Phenolphthaleinlösung bei $p_H = 9,4$. Dies rührt daher, daß p_{HJ} hier keine Konstante ist.

Thymolphthalein. Die Untersuchung wurde in genau der gleichen Weise vorgenommen, so daß es genügen dürfte, wenn ich hier nur die Ergebnisse anführe, ohne nochmals auf Einzelheiten einzugehen.

Die Löslichkeit ist viel geringer als vom Phenolphthalein, da eine Trübung bereits bei der Gegenwart von 12,5 ccm einer 0,1 $^0/_0$igen Lösung im Liter eintrat, d. h. bei 1,25 $\times$ 10^{-6} g i. l.

Weiter ist

$$[J'_{min}] = 1 \times 10^{-6} \text{ g i. l.}$$

Beginn des Umschlagsgebietes bei:

$$p_H = p_{HJ} + \log \frac{1 \times 10^{-6}}{1,25 \times 10^{-6}}.$$

Der Anfang des Umschlagsintervalls liegt also bei einem p_H, das etwa dem p_{HJ} größengleich ist. Das Umschlagsgebiet von Thymolphthalein liegt nach Sörensen zwischen $p_H = 9,3$ und 10,5. Ich fand den Anfang bei $p_H = 9,2$. Auch aus anderen Versuchen fand ich, daß der Wert für p_{HJ} nicht $\dfrac{9,3 + 10,5}{2} = 9,9$, sondern nur gleich 9,2 ist.

Hieraus ist ersichtlich, daß wir nicht immer aus der Kurve direkt p_{HJ} ablesen können für den Punkt, wo 50% des Indicators in die alkalische Form übergegangen sind (vgl. Rosenstein, 1912). Da aber dieser Punkt eine besondere Bedeutung hat, nennen wir dieses p_H besser den Indicatorexponent p_I.

Paranitrophenol. Hier spielt ganz besonders die Löslichkeit eine große Rolle für den Umschlag. Aus einem Präparat mit dem Schmelzpunkt 112—113° wurde eine 1%ige Lösung angefertigt, von der weiter verschiedene Verdünnungen bereitet wurden. Bei der Beobachtung der Gelbfärbung in Nesslerschen Colorimetergläsern zeigte sich:

$$[J'_{min}] = 10^{-7} \text{ molar.}$$

$[J'_{max}]$ ist natürlich viel schwieriger zu bestimmen. Bei geringen Konzentrationen von p-Nitrophenol ist die alkalische Färbung grüngelb, bei größeren Gehalten aber goldgelb. Gab man zu 50 ccm einer sehr verdünnten Alkalilösung 1 ccm 1%iges p-Nitrophenol, so ergab eine weitere Zufügung des Indicators fast keinen wahrnehmbaren Farbunterschied. $[J'_{max}]$ ist also etwa 2×10^{-4} g. i. l. Aus den Untersuchungen von Sörensen (vgl. die Tabelle S. 28) ergab sich, daß das Umschlagsgebiet von p-Nitrophenol zwischen $p_H = 5,0$ und 7,0 liegt. Daraus leitet sich die Dissoziationskonstante von p-Nitrophenol mit einem Wert von 10^{-6} ab.

Da nun das p-Nitrophenol einen ziemlich gut löslichen Indicator bildet, ist zu erwarten, daß er bereits bei einem viel geringeren p_H imstande ist, der Flüssigkeit eine Gelbfärbung zu erteilen, wenn man viel Indicator verwendet. Dieses zeigt sich aus den folgenden Proben mit 0,1 n-Essigsäure, welche Lösung ein p_H von 2,87 hat.

10 ccm und 1 ccm 1% p-Nitrophenol geringe bläuliche Färbung;
10 „ „ 2 „ 1% „ nur geringe gelb-bläuliche Färbung;
10 „ „ 3 „ 1% „ deutliche Gelbfärbung.

Mit 1/15 molarer NaH_2PO_4.

Zu 10 ccm einer wäßrigen Lösung wurde so viel 0,1%iges p-Nitrophenol gegeben, daß eine geringe Gelbfärbung sichtbar war.

Nach der Zugabe von 1,7—1,8 ccm war die Färbung äußerst schwach, bei Gegenwart von 2,0 ccm deutlich erkennbar. Der Versuch wurde mit 1 %iger Lösung wiederholt. Nach Zugabe von

0,14 ccm 1 %iger Lösung war nichts zu sehen,
0,18 ., ,, ,, schwache gelbe Schattierung,
0,20 ,, ,, ,, ziemlich deutlich.

Hieraus ist zu entnehmen, daß p-Nitrophenol bereits bei einem $p_H =$ etwa 3,0 (also etwa in 0,1 n-Essigsäure) zu umschlagen anfangen kann, wenn nur eine genügende Menge des Indicators anwesend ist.

Weiter können wir aus diesen Versuchen die Dissoziationskonstante des p-Nitrophenols annähernd berechnen. Wenn wir zugrunde legen, daß in der 0,1 n-Essigsäurelösung eine schwache Gelbfärbung eintritt, wenn 2 ccm 1 %iger Lösung auf je 10 ccm angewandt werden, und daß dann $[J'_{min}]$ etwa gleich 10^{-7} molar ist, so finden wir[1]:

$$\frac{[J']}{[HJ]} = \frac{139 \times 10^{-7}}{2} = \frac{K_{HJ}}{[H^\cdot]} = \frac{K_{HJ}}{10^{-3}}$$

$$K_{HJ} = \text{etwa } 7 \times 10^{-9}.$$

Wenn nun in einer primären Phosphatlösung $p_H = 10^{-4}$ ist, und $[J'_{min}] = 10^{-7}$, so können wir aus den eben angeführten Versuchen ableiten:

$$K_{HJ} = \text{etwa } 6 \times 10^{-9}.$$

Auch hieraus sehen wir, daß wir für die Dissoziationskonstante von p-Nitrophenol einen falschen Wert finden, wenn wir in der Tabelle von Sörensen die Werte von p_{HJ} und p_H für die Mitte des Umschlagsgebietes einander gleich setzen (vgl. auch Kap. IV S. 80).

Es bedarf keiner weiteren Betonung, daß diese Ableitungen und Betrachtungen von größter Bedeutung sind für die colorimetrische Bestimmung der Wasserstoffionenkonzentration. Die Konzentrationsfehler können am beträchtlichsten werden bei der Verwendung von p-Nitrophenol als Indicator, weniger bei Phenolphthalein und am geringsten bei der Verwendung des so schwer löslichen Thymolphthaleins.

---

[1] Das Molargewicht von p-Nitrophenol beträgt 139.

b) Zweifarbige Indicatoren. Hier ist der Einfluß der Konzentration auf das Umschlagsgebiet viel verwickelter als im ersten Falle. Zunächst ist zu bemerken, daß auch hier die beiden Äste der Umsetzungskurve (Abb. 3, S. 27) meist nicht symmetrisch zueinander sind, da die Empfindlichkeit, mit der die saure Form neben der alkalischen auffindbar ist, meist eine andere als im umgekehrten Falle ist. Es hat beispielsweise die rote, saure Form des Dimethylgelbs eine viel stärkere Farbintensität als die gleichkonzentrierte alkalische Form, so daß also die erstere schon bei viel geringeren Konzentrationen neben der anderen bemerkbar ist als im umgekehrten Falle. Hierauf werden wir noch ausführlicher zu sprechen kommen.

Eine weitere Schwierigkeit tritt auf, wenn die eine der beiden Indicatorformen schwer löslich ist. Hierauf ist bei der colorimetrischen Bestimmung der Wasserstoffionenkonzentration besonders zu achten.

Als Beispiel wählen wir zunächst eine Type der Azofarbstoffe, und zwar Dimethylaminoazobenzol (Dimethylgelb).

Das Dimethylgelb ist eine schwache Base, mit $p_{BOH} = 10$, die sehr schwer löslich ist und eine gelbe Färbung aufweist. Das rotgefärbte Salz hingegen löst sich besser in Wasser. In der Gleichung (41) ist

$$\frac{[JOH]}{[J^{\cdot}]} = \frac{K'}{[H^{\cdot}]} \quad \cdots \cdots \cdots \quad (41)$$

$[J_{OH}]$ ist die Konzentration der gelben Form; $[J^{\cdot}]$ der Gehalt der roten Form. Zu einer jeden gegebenen Wasserstoffionenkonzentration gehört also ein bestimmtes Verhältnis zwischen der gelben und der roten Form. Geben wir nun zu einer gegebenen Lösung eine zunehmende Menge des Indicators, so wird die Größe von $[J_{OH}]$ und von $[J^{\cdot}]$ steigen, und zwar im gleichen Verhältnis, bis die Lösung mit $[J_{OH}]$ gesättigt ist. Von diesem Augenblick an bleibt $[J_{OH}]$ konstant und damit auch $[J^{\cdot}]$. Der Überschuß des Indicators bleibt in der Lösung in kolloidaler Form, die die gleiche gelbe Färbung besitzt, wie die alkalische Form. In einer solchen Lösung läßt also die Indicatorfarbe eine stärker alkalische Reaktion vermuten als tatsächlich vorliegt.

Aus diesen Gründen ist es richtiger, das in sauren und alkalischen Lösungen leicht lösliche Methylorange als das nur wenig wasserlösliche Dimethylgelb bei colorimetrischen Bestimmungen zu gebrauchen.

Dimethylgelb oder **Dimethylamidoazobenzol.** Ein durch mehrfaches Auskochen mit jeweils frischen Wassermengen gereinigtes Präparat wurde zur Bereitung gesättigter Lösungen benützt.

1. Ein Teil wurde mit Wasser gut geschüttelt;

2. ein anderer Teil wurde mit Wasser aufgekocht und einige Tage zur Seite gestellt.

3. Endlich wurde eine alkoholische Lösung zum Wasser gegeben und auch einige Tage sich selbst überlassen. In allen drei Fällen wurde die klare Lösung vorsichtig abgehebert und in Nesslerschen Colorimetergläsern mit Dimethylgelblösungen bekannter Konzentrationen verglichen. Es zeigte sich übereinstimmend, daß die Löslichkeit des Dimethylgelbs etwa 0,5 mg im Liter beträgt. Will man also in 10 ccm Flüssigkeit eine colorimetrische Bestimmung von [H·] mit Benützung einer $1^0/_{00}$ alkoholischen Dimethylgelblösung ausführen, so darf man, um keine Schwierigkeiten zu bekommen, nicht mehr als 0,05 ccm, also etwa einen Tropfen benützen.

Die Empfindlichkeit des Nachweises der beiden Formen nebeneinander wird im nächsten Kapitel erörtert.

4. Einfluß der Temperatur auf das Umschlagsgebiet der Indicatoren. Schoorl (6) hat bereits auf den Einfluß der Wärme auf die Indicatoren hingewiesen. Er hatte gefunden, daß durch ein Sieden die Färbung der alkaliempfindlichen Indicatoren nach der basischen Seite, die der säureempfindlichen Indicatoren nach der sauren Seite verschoben wurde. Zur Erklärung wies er auf die zunehmende Dissoziationskonstante des Wassers. Diese Deutung ist nach dem Besprochenen auch einleuchtend.

Die Färbung eines sauren Indicators wird durch die Gleichung:

$$\frac{[J']}{[HJ]} = \frac{K_{HJ}}{[H·]} \qquad \ldots \ldots \ldots \ldots (36)$$

beherrscht.

Wenn nun ein säureempfindlicher Indicator bei einer Wasserstoffionenkonzentration von 10^{-10} umzuschlagen beginnt, so entspricht diese bei gewöhnlicher Temperatur einer Hydroxylionenkonzentration von etwa 10^{-4}. Bei einer Erwärmung wird nun [OH'], die bereits 1/10000 n war, durch die wachsende Dissoziation des Wassers kaum geändert und wird also in der Größenordnung 10^{-4} bleiben. Da aber die Dissoziationskonstante des Wassers bei 100^0 etwa 100mal so groß wie bei 18^0 ist, wird auch die Wasserstoffionenkonzentration bei 100^0 100mal so groß sein, weil $[H^\cdot] = \dfrac{K_{H_2O}}{[OH']}$. Die Dissoziationskonstante der verschiedenen Säuren und Basen ändert sich mit der Temperatur meist nur wenig. Unter der zulässigen Annahme, daß sie für die Indicatoren konstant bleibt, ergibt sich aus der Gleichung (36), daß: $\dfrac{[J']}{[HJ]}$ bei 100^0 100mal kleiner als bei 18^0 geworden ist, weil $[H^\cdot]$ 100mal größer geworden ist. Es ist dann zu wenig von der alkalischen Form anwesend, um einen Farbumschlag zu beobachten. Man muß also bei der Siedehitze erst so viel Lauge zusetzen, daß $[H^\cdot]$ wieder hundertmal kleiner wird und dem Betrag bei Zimmertemperatur sich wieder nähert. Dies bedingt aber wiederum eine starke Steigerung der Hydroxylionenkonzentration, so daß also bei 100^0 das Verhältnis $\dfrac{[OH']}{[H^\cdot]}$ für den Anfangspunkt des Umschlagsintervalls viel größer ist als bei Zimmertemperatur.

Fassen wir nun einen alkaliempfindlichen und basischen Indicator ins Auge, so ist nach den Gleichungen (40) und (41):

$$\frac{[JOH]}{[J^\cdot]} = \frac{K'}{[H^\cdot]} = \frac{K_{H_2O}}{K_{JOH}} \cdot \frac{1}{[H^\cdot]}.$$

Liegt nun der Beginn des Umschlagens eines solchen Indicators bei Zimmertemperatur bei einem $[H^\cdot] = 10^{-4}$, d. h. 1/10000 n, dann wird diese $[H^\cdot]$ beim Sieden durch die wachsende Dissoziation des Wassers praktisch nicht verändert. Dagegen nimmt K_{H_2O} 100mal zu, während wir annehmen, daß K_{JOH} unverändert bleibt. Das zweite Glied der abgeleiteten Gleichung (40) und (41) wird also 100mal größer. Der Indicator wird also erst anfangen umzuschlagen, wenn so viel Säure zugegeben ist, daß $[H^\cdot]$ 100mal so groß geworden ist. Der Anfang des Umschlagsgebietes liegt also bei erhöhter Temperatur bei einem viel kleineren p_H, aber bei dem gleichen p_{OH}.

Auch aus der Betrachtung der Hydrolyse folgt, daß die sauren Indicatoren bei der Erwärmung ihre Farbe nach der sauren Seite verändern und entsprechend umgekehrt. Ist BJ ein Indicatorsalz, dann wird die Hydrolyse in wäßriger Lösung durch die Gleichung dargestellt:

$$J' + H_2O \leftrightarrows HJ + OH'$$

$$\frac{[HJ]\,[OH']}{[J']} = \frac{K_{H_2O}}{K_{HJ}}.$$

Wird nun beim Kochen K_{H_2O} 100mal größer, so wird auch $\dfrac{[HJ]}{[J']}$ 100mal größer werden, da der Rest unverändert bleibt. Es entsteht also ein hundertfach größerer Betrag der sauren Form.

In den folgenden Versuchen sollte gezeigt werden, ob sich wirklich bei den säureempfindlichen Indicatoren das Umschlagsintervall etwa um 2 in der p_{OH}-Achse und bei alkaliempfindlichen Formen um 2 Einheiten in der p_H-Achse verschiebt. Wenn dieses der Fall ist, so ist es ein Beweis, daß die Dissoziationskonstanten der Indicatoren bei einer Erwärmung sich nicht ändern.

Thymolphthalein. In einem viel gebrauchten, gut ausgedämpften Erlenmeyerkolben aus Jenaerglas wurden 250 ccm destilliertes Wasser unter Zusatz von 10 Tropfen $1\,^0/_{00}$iger Thymolphthaleinlösung bei Siedehitze mit 0,1 n-NaOH auf eine schwache blaue Färbung eingestellt. Erforderlich waren 0,7—0,8 ccm 0,1 n-NaOH. Der Versuch wurde viermal wiederholt. Die Farbtönung war nach der Zugabe von 5 ccm 0,1 n-Lauge maximal. Der Indicator beginnt also umzuschlagen bei der Gegenwart von 3 ccm 0,1 n-Lauge im Liter, also bei $[OH'] = 3 \times 10^{-4}$ und $p_{OH} = 3{,}53$. Da nun p_{H_2O} bei 100^0 ungefähr 2 kleiner ist als bei 18^0, so ist p_{H_2O} bei 100^0 gleich 12,2. Der Indicator beginnt also umzuschlagen bei p_H $12{,}2 - 3{,}53 = 8{,}67$.

Der Indicator ist völlig umgeschlagen bei $[OH'] = 2 \times 10^{-3}$ und $p_{OH} = 2{,}70$, d. h. bei $p_H = 9{,}50$.

Der Indicator schlägt also bei 100^0 bei einem viel größeren Verhältnis von $OH^{\cdot} : H^{\cdot}$ um als bei 18^0. Hierauf hat bereits, wie gesagt, Schoorl hingewiesen.

Auffallend ist, daß der Indicator bei 100^0 bei einem kleineren p_H umzuschlagen beginnt als bei Zimmertemperatur. Dieses beweist noch nicht eine Vergrößerung der Dissoziationskonstante des Thymolphthaleins, sondern kann auch in der bei erhöhter Temperatur größeren Löslichkeit des Indicators begründet sein. Wie bereits klargelegt, spielt gerade bei dem Thymolphthalein die Löslichkeit eine besonders wichtige Rolle für das Umschlagsintervall. Es war sichtbar, daß die zugefügten 10 Tropfen der $0{,}1\,^0/_0$igen Thymolphthaleinlösung bei Zimmertemperatur sich nicht lösten, wohl aber bei Siedehitze. Es ist also wahrscheinlich, daß die Tatsache, daß das Thymolphthalein bei 100^0 bei einem kleineren p_H als bei Zimmertemperatur umzuschlagen beginnt, teilweise der leichteren Löslichkeit, also der größeren Konzentration, bei höheren Temperaturen zuzuschreiben ist.

Phenolphthalein. Die Versuche wurden analog angestellt. Bei Anwesenheit von 5 Tropfen $1^0/_0$iger Phenolphthaleinlösung zu 250 ccm kochenden Wassers trat eine schwache Rosafärbung, nach dem Zusatz von 0,20 bzw. 0,21 ccm 0,1 n-NaOH auf. Dann ist $[OH'] = 8 \times 10^{-5}$, p_{OH} 4,1 und p_H 8,1.

Die Farbenstärke hatte ihren größten Wert erreicht nach dem Zusatz von 1,5 ccm 0,1 n-NaOH zu 250 ccm. $p_{OH} = 3,22$; und p_H etwa 9,0.

Der Umschlag des Indicators beginnt also bei ziemlich dem gleichen Wert von p_H wie bei Zimmertemperatur, aber bei einem viel kleineren p_{OH}. Dieses Ergebnis wurde nachgeprüft durch das Aufkochen einer 0,2 n-Natriumacetatlösung (Präparat Kahlbaum) mit Phenolphthaleinzusatz. Bei Zimmertemperatur reagiert eine solche Lösung sehr schwach alkalisch auf den Indicator. Wie bereits erwähnt, verändert sich die Dissoziationskonstante der Essigsäure nach den Ergebnissen von Noyes (8) bei der Erwärmung nur ziemlich wenig. (K_{HAC} bei 18^0 $18,2 \times 10^{-6}$; und bei 100^0 $11,1 \times 10^{-6}$.) Die Abnahme der Dissoziationskonstante ist also sehr gering und wird hierdurch nur eine geringe Zunahme des Hydrolysierungsgrades bedingen. K_{H_2O} wird aber hundertmal größer, so daß die Hydrolyse hierdurch stark zunimmt und p_{OH} um eine gute Einheit abnehmen und p_H nur sehr wenig abnehmen wird. Wenn diese Betrachtungen das Richtige treffen, so darf die Färbung der kochenden Lösung nur wenig stärker basisch sein als bei 18^0.

Dies war in der Tat der Fall. Die Lösung wurde beim Kochen etwas deutlicher rosa. Daß diese Erscheinung nicht auf einer Aufnahme von Alkalien aus dem Glase oder auf einer Abspaltung und Verdampfung von Essigsäure beruhte, zeigte sich bei der Wiederabkühlung der Lösung. (Auffallend war aber, daß die zuerst schwach rosagefärbte Lösung nach dem Aufkochen und Wiederabkühlen farblos wurde, auch wenn die zutretende Luft durch eine Natronkalkvorlage streichen mußte. Es ist bisher noch nicht gelungen, diese Erscheinung, welche Lösungen verschiedener Präparate zeigten, aufzuklären.)

Aus den Versuchen geht jedenfalls hervor, daß die Dissoziationskonstante des Phenolphthaleins durch das Kochen wenig
verändert wird.

Methylrot. Die Farbe dieses Indicators verändert sich
beim Kochen seiner Lösungen nur wenig nach der.alkalischen Seite
hin. Das Methylrot reagiert nämlich sowohl wie eine schwache
Säure, wie auch als eine schwache Base, so daß beim Kochen sowohl
die Hydrolyse des von der Säure gebildeten Salzes wie auch des
Salzes der Base zunimmt. Da aber die Dissoziationskonstante
des basischen Teils viel kleiner als die des sauren Teiles ist und die
Lösung von Methylrot mit einer Zwischenfarbe viel von dem Salz
der Säure neben ungespaltenem Methylrot enthält, wird die Färbung
beim Sieden etwas nach der alkalischen Seite hin verschoben. Dies
war auch aus den folgenden Versuchen ersichtlich.

Eine sehr verdünnte Lösung von Essigsäure in ausgekochtem
Wasser wurde mit ein wenig Methylrot versetzt und in zwei Teile
geteilt. Die eine Hälfte wurde erwärmt und mit der kaltgelassenen
Portion verglichen. Es zeigte sich, daß durch das Erwärmen die
Schattierung alkalischer geworden war. Analoge Versuche wurden
mit Borsäurelösungen angestellt, die ein weniger deutliches Bild
von der Farbenverschiebung gaben und mit sehr verdünnten Salzsäurelösungen, welche die gleichen Erscheinungen wie die Essigsäure zeigten.

Zur weiteren Bestätigung wurde die Farbenänderung von
Methylrot in kochender Ammoniumchloridlösung beobachtet.
Nach den Angaben von Noyes (8) (vgl. Kapitel 1) ändert sich
nämlich die Dissoziationskonstante von Ammoniak nicht beim
Erwärmen. Da nun K_{H_2O} 100mal größer wird, muß p_H beim
Kochen eher kleiner werden und die Färbung der Lösung muß
nach der sauren Seite hin verschoben werden. Dieses wurde auch
durch den Versuch bestätigt: Eine mit wenigen Tropfen Methylrot versetzte 0,2 n-Ammoniumchloridlösung hatte eine Zwischenfarbe [$p_H = 5,1$]. Beim Kochen wurde die Färbung röter, jedoch
noch nicht so stark wie die Färbung von Methylrot bei $p_H = 4,2$.
Nach der Abkühlung ging p_H auf den Anfangswert zurück.

Aus diesen verschiedenen Versuchen ist übereinstimmend zu
folgern, daß das Umschlagsgebiet des Methylrots, ausgedrückt
in Werten für p_H, bei Siedetemperatur und bei Zimmerwärme
fast vollkommen unverändert bleibt.

p-Nitrophenol. Dieser Indicator verhält sich gerade wie

das Methylrot. Auch hier verschiebt sich die Farbtönung der Lösung beim Kochen nur sehr wenig nach der basischen Seite. Dieses entspricht aber den Erwartungen von dem Verhalten eines sauren Indicators, wenn man nicht annimmt, daß die Dissoziationskonstante des Indicators durch die Temperatursteigerung vergrößert wird. Dieses muß noch durch besondere Versuche untersucht werden.

Hantzsch hat bereits gefunden, daß die Färbung einer p-Nitrophenollösung in organischen Lösungsmitteln durch Erwärmen dunkler wird. Dies wird auch für wäßrige Lösungen durch den folgenden Versuch bestätigt.

Eine stark alkalische Lösung, die so wenig p-Nitrophenol enthält, daß sie in der Kälte nur hellgelb erscheint, wird bei der Erhitzung dunkler gelb, um bei der Abkühlung wieder auf die Anfangsfärbung zurückzugehen.

Die Farbenänderung von p-Nitrophenol in wäßriger Lösung bei der Erwärmung ist auch durch den nachstehenden Versuch ersichtlich.

Eine durch p-Nitrophenol hellgelb gefärbte Borsäurelösung wurde durch Kochen grüngelb. Bei der Abkühlung trat die ursprüngliche Farbe wieder auf.

Aus all diesen Versuchen ist ersichtlich, daß das Umschlagsgebiet des p-Nitrophenols sich beim Kochen nur sehr wenig verschiebt.

Dimethylgelb. In einem Jenaer Kolben wurden 250 ccm destilliertes Wasser mit 5 Tropfen $2^0/_{00}$iger Dimethylgelblösung zum Sieden erhitzt und mit 0,1 n-Salzsäure titriert, bis im Vergleich zu einem blinden Versuch eine Farbänderung erkennbar war. Diese trat ein nach Zusatz von 0,8—0,9 ccm 0,1 n-HCl, entsprechend: $[H^\cdot] = 3{,}4 \times 10^{-4}$; $p_H = 3{,}47$ und $p_{OH} = 8{,}73$. Nach dem Zusatz von 12,5 ccm 0,1 n-HCl war die Farbe der Lösung völlig sauer geworden, entsprechend: $[H^\cdot] = 5 \times 10^{-3}$; $p_H = 2{,}30$; $p_{OH} = 9{,}90$.

Würde die Dissoziationskonstante des Dimethylgelbs beim Erwärmen unverändert bleiben, so würde dieser Indicator bei Siedehitze bei einem p_H umschlagen, das um zwei Einheiten kleiner als bei 18^0 ist, also bei einem $p_H = $ ca. 2,0. Die Tatsache, daß der Umschlag bereits bei p_H 3,47 beginnt, deutet auf eine starke Zunahme der Dissoziationskonstante des Dimethylaminoazobenzols beim Kochen.

Methylorange. Dimethylaminoazobenzolsulfonsaures Natrium wurde in analoger Weise untersucht. Umschlagsbeginn nach Zugabe von 0,5—0,6 ccm 0,1 n-HCl,

$$[H^\cdot] = 2,2 \times 10^{-4};\ p_H\ 3,66\ \text{und}\ p_{OH}\ 9,64.$$

Auch hier nimmt die Dissoziationskonstante der Base beim Kochen zu (vgl. auch Tizard (9)).

Tropäolin 00. 45 ccm Wasser mit 3 Tropfen 1 $^0/_{00}$iger Tropäolinlösung wurden aufgekocht und mit 0,1 n-Salzsäure titriert. Umschlagsbeginn nach Zusatz von ca. 5 ccm 0,1 n-HCl: $[H^\cdot] = 10^{-2}$; $p_H = 2$ und $p_{OH} = 10,2$. Das Ende des Umschlagsgebietes ist hier schwierig zu beobachten.

Auch beim Tropäolin 00 nimmt die Dissoziationskonstante bei der Erwärmung zu, da der Anfang des Umschlags bei 18° bei $p_H = 3,1$ liegt.

Methylviolett. 250 ccm Wasser wurden nach dem Zusatz von Methylviolett aufgekocht und mit 0,5 n bzw. 4 n-Salzsäure titriert. Beginn der Blaufärbung nach Zusatz von etwa 10 ccm 0,5 n-HCl bzw. von 0,4 ccm 4 n-HCl; $[H^\cdot] = 1,8$ bis 2×10^{-2}; $p_H = 1,70$ und p_{OH} 10,50. Das sehr schwer wahrnehmbare Ende des Umschlags wurde mit 4 n-Salzsäure untersucht. Es scheint bei etwa 0,5 normal-Lösung zu liegen, wo die Farbe gelb ist.

Aus all diesen Versuchen ist also ersichtlich, daß die Lage des Umschlagsgebiets der meisten Indicatoren bei der Erwärmung stark geändert wird. In der nachstehenden Aufstellung sind die Werte nochmals übersichtlich zusammengestellt.

Veränderung des Umschlagsgebietes der Indicatoren bei Erwärmung.

($p_{H,O}$ bei 18° $= 14,2$; bei 100° 12,2.)

Indicatoren	18°		100°	
	p_H	p_{OH}	p_H	p_{OH}
Methylviolett . . .	0,1— 3,2	14,1—11,0	1,7—0,3	10,5—11,7
Tropäolin 00 . . .	1,3— 3,3	12,9—10,9	2,2—0,8	10,0—11,2
Dimethylgelb . . .	2,9— 4,0	11,3—10,2	2,3—3,5	8,7—9,9
Methylorange . . .	3,1— 4,4	11,1— 9,8	2,5—3,7	8,5—9,7
Methylrot	4,2— 6,3	10,0— 7,9	4 —6	8,2—6,2
p-Nitrophenol . .	5,0— 7,0	9,2— 7,2	5,5—6,5	6,7—5,7
Phenolphthalein .	8,3—10,0	5,9— 4,2	8,1—9,0	4,1—3,2
Thymolphthalein .	9,3—10,5	4,9— 3,7	8,7—9,5	3,5—2,7

Auf den Einfluß neutraler Salze und Eiweißstoffe auf das Umschlagsgebiet werde ich bei der Besprechung der colorimetrischen Bestimmung der Wasserstoffionenkonzentration ausführlich zu sprechen kommen (Kap. IV).

Literaturübersicht zum zweiten Kapitel.

1. Bjerrum, Die Theorie der alkalimetrischen und acidimetrischen Titrierungen. „Samml. Herz" 1914, S. 30.
2. Clark u. Lubs, Journ. of bacteriol. 2, 110 (1917) und Journ. Biol. Chem. 25, 479 (1916).
3. Salm, Zeitschr. f. physik. Chem. 57, 461 (1906); 63, 83 (1908).
4. Sörensen, Cpt. rend. du Lab. Carlsberg 8, 28 (1909); Biochem. Zeitschrift 21, 159 (1909).
5. Lubs u. Clark, Journ. Washington Acad. of sciences 5, 610 (1915); 6, 481 (1916).
6. Schoorl, Chem. Weekbl. 3, 719, 771, 807 (1906).
7. Mc Coy, Amer. Chem. Journ. 31, 503 (1904).
8. Noyes, Journ. of the Americ. chem. soc. 30, 349 (1908).
9. Tizard, Journ. of the chem. soc. London 97, 2477 (1910); Tizard und Whiston, Journ. of the chem. soc. London 117, 150 (1920).

Drittes Kapitel.

Anwendung der Indicatoren in der Neutralisationsanalyse.

1. Die praktisch brauchbaren Indicatoren. Notwendiger Überschuß.

Wie aus der Abb. 1 (S. 21) ersichtlich, verändert sich p_H bei der Neutralisation einer starken Säure mit einer starken Base sehr plötzlich in der Nähe des Äquivalenzpunktes, und zwar springt p_H beim Übergang von sehr schwach saurer zu schwach alkalischer Reaktion von 3 auf 11. Kommt man durch weiteren Zusatz von Säuren bzw. Basen aus diesem Bereich, so ändert sich p_H nur noch langsam. Es ist also wahrscheinlich, daß die Indicatoren, deren Umschlagsgebiet zwischen p_H 3 und 11 liegt, einen scharfen Umschlag mit starken Säuren oder Basen geben, daß dagegen diejenigen Indicatoren, deren Umschlagsgebiete über jenen Intervall hinausgreifen, nur recht langsam ihre Färbung schrittweise ändern. In diesem Falle ist auch der Überschuß an Säure oder Base, der in einer neutralen Lösung nötig ist, um über die

Grenzfarbe hinwegzukommen, ziemlich erheblich, so daß derartige Indicatoren für Titrationen praktisch nicht oder nur in besonderen Fällen verwendbar sind. In der nachstehenden Tabelle ist zusammengestellt, wieviel Kubikzentimeter n-, 0,1 n-, 0,01 n-Säure oder Base nötig sind, um 100 ccm neutrales Wasser bei Gegenwart der angegebenen Indicatoren eine von der Wasserfärbung abweichende Farbe zu geben.

Notwendiger Überschuß an Reagens bei der Anwendung verschiedener Indicatoren.

In 100 ccm wäßriger Lösung muß ein Überschuß von Säure oder Lauge vorhanden sein, damit ein Farbumschlag erkennbar ist, bei

	1/1 n	1/10 n	1/100 n
Tropäolin 00	0,1 ccm	1 ccm	10 ccm
Dimethylgelb	0,01 „	0,1 „	1,0 „
Methylorange	0,008 „	0,08 „	0,8 „
Methylrot	0,000 „	0,01 „	0,1 „
Neutralrot	0,000 „	0,00 „	0,0 „
Phenolphthalein	0,005 „	0,02 „	0,2 „
Thymolphthalein	0,01 „	0,10 „	1,0 „
Alizaringelb	0,1 „	1,00 „	10,0 „
Tropäolin 0	0,1 „	1,1 „	11,0 „

Hieraus sieht man, daß die praktisch brauchbaren Indicatoren für Titrationen von $^1/_{10}$ n-Flüssigkeiten zwischen Dimethylgelb und Thymolphthalein liegen. Welchen Indicator man im Einzelfalle zweckmäßig anwendet und wie groß bei seiner Anwendung der mittlere Fehler wird, soll im folgenden besprochen werden.

2. Titrierexponent.

Will man bei einer Titration bis zu einem bestimmten Wasserstoffexponenten titrieren, so nennt man diesen nach Bjerrums (1) Vorgang den Titrierexponent p_T.

In vorhergehendem Kapitel haben wir gesehen, in welch hohem Grade besonders bei den einfarbigen Indicatoren die Färbung von der Konzentration derselben abhängig ist. Durch Konzentrationsänderung kann man also mit einem und demselben Indicator zu verschiedenen Titrierexponenten gelangen. Noyes (2) hat gezeigt, daß man den Farbumschlag eines einfarbigen Indicators schon wahrnehmen kann, wenn die Konzentration der geringsten wahrnehmbaren gefärbten Form $[J_{min}]$ $^1/_4$ der Gesamtkonzentration des Indicators beträgt. Wenn also $25^0/_0$ des Indicators umgeschlagen sind, so wird der Umschlag sichtbar. Es ist nun:

$[H^{\cdot}] = \dfrac{[HJ]}{[J']} \cdot K_{HJ}$ und im vorliegenden Fall für den Umschlag

$$[H^{\cdot}] = \frac{(4-1)}{1} \cdot K_{HJ} = 3\,K_{HJ}.$$

Da der zu diesem $[H^{\cdot}]$ gehörige Wasserstoffexponent der Titrierexponent p_T ist, so ist

$$p_T = p_{HJ} - \log 3 \text{ oder annähernd:}$$
$$p_T = p_{HJ} - 0{,}5.$$

Der Titrierexponent ist also um 0,5 kleiner als der Indicatorexponent. Legen wir beispielsweise für Phenolphthalein den Indicatorexponent 9,7 unseren Betrachtungen zugrunde, so ist der zugehörige Titrierexponent 9,2. Dieses gilt aber nur für den Fall, daß die Indicatorkonzentration so niedrig ist, daß der Farbumschlag noch gerade scharf erkennbar ist. Ist dahingegen viel mehr Phenolphthalein zugegeben, als erforderlich gewesen wäre, so tritt der Farbumschlag bereits bei einem viel kleineren p_H auf, wie im vorigen Kapitel dargelegt ist. Bei der Anwendung einer gesättigten Phenolphthaleinlösung können wir eine deutliche Rotfärbung bei p_H rund 8,4 beobachten. Wir haben es also bei diesem Indicator in der Hand, den Titrierexponent von 9,2 bis etwa 8,0 zu verändern, je nachdem, wie wir die Konzentration des Indicators wählen, und zwar in um so weiteren Grenzen, als der Unterschied zwischen der Löslichkeit des Indicators und $[J'_{min}]$ bei dem betreffenden Indicator ist. Bei Verwendung von dem viel weniger löslichen Thymolphthalein kann man praktisch nur auf ein einziges p_H, und zwar p_T rund 9,5 titrieren.

Für p-Nitrophenol hingegen wurde bereits im vorigen Kapitel berechnet, wie sehr das Umschlagsgebiet sich mit der Konzentration verschieben kann. Da hier nun auch das Gebiet der Titrierexponenten recht ausgedehnt ist, können wir mit diesem Indicator, wie bereits Noyes (2) gezeigt hat, auf Titrierexponenten zwischen 4 und 6,5 titrieren, je nachdem wie wir die Konzentration des Indicators wählen.

Verwickelter ist die Sachlage bei den zweifarbigen Indicatoren.

Noyes hat geschätzt, daß 5—20% bzw. 80—95.% eines zweifarbigen Indicators umgesetzt sein muß, um den Titrierexponenten zu erreichen. Er fand, daß bei der Verwendung von Methylorange 5—20% der gelben in die rote Form übergegangen sein muß, um einen deutlichen Unterschied gegen die reine Wasserfarbe zu erhalten. Dahingegen mußte 20—30% von der roten in die gelbe Form übergegangen sein, um einen Farbunterschied gegen die rein saure Lösung erkennen zu können. Hierdurch wird auch der Unterschied der beiden Seiten des Umschlagsintervalls erklärt; die Farbintensität der sauren Form ist viel größer als die der basischen, so daß die saure Modifikation sehr viel empfindlicher neben ihrem Antipoden nachzuweisen ist als umgekehrt. Ähnlich fand ich, daß eine so schwache Lösung von Dimethylgelb, deren Gelbfärbung im Nesslerschen Colorimeterglas nicht neben reinem Wasser zu unterscheiden war, nach dem Ansäuern recht deutlich rosa gefärbt wurde. Erst nachdem diese Lösung etwa vierfach verdünnt worden war, war die rosa Färbung so weit abgeschwächt, daß sie neben einer mit reinem Wasser gefüllten Röhre kaum noch erkennbar war. Man kann daher ableiten, daß die rote Farbe empfindlicher neben der gelben als umgekehrt nachzuweisen ist. Die Farbintensität wird nämlich in der sauren Lösung durch die chromophore Chinongruppe verstärkt. Bei Dimethylgelb muß etwa 10% in die rote Form umgesetzt sein, damit man die Anwesenheit der letzteren erkennen kann. Dann ist $p_T\ 3,0 + \log\dfrac{90}{10} = 3,95$, mit anderen Worten der Titrierexponent des Dimethylgelbs ist etwa 4. Der andere Titrierexponent, der sich ergibt, wenn man von der sauren Lösung ausgeht und auf die alkalische Färbung titriert, hat wenig Bedeutung, weil der Umschlag nicht scharf ist und die Färbung sich nur langsam beim Zusatz von Laugen ändert.

Ganz allgemein ist bei zweifarbigen Indicatoren der Einfluß der Konzentration auf den Titrierexponenten viel geringer als bei einfarbigen Indicatoren. Doch ist es auch bei den zweifarbigen Indicatoren im allgemeinen vorteilhafter, nicht zu viel von dem Indicator zuzugeben, da die Farbenänderung bei kleineren Konzentrationen schärfer wahrzunehmen ist.

Die Genauigkeit, mit der man auf einen bestimmten Titrierexponenten titrieren kann, ist ziemlich groß, aber von der Art des Indicators abhängig. So sind im allgemeinen reine Indicatoren zu verwenden, und keine natürlichen Lösungen, die noch möglicherweise alle erdenkbaren anderen Verbindungen enthalten können, die den Farbumschlag undeutlich und das Umschlagsgebiet größer machen können. Lackmus besteht z. B. aus einem Gemisch von Säuren, von welchen sich viele wie Indicatoren verhalten. Hierdurch wird das Umschlagsgebiet ziemlich groß, von etwa 4,8—8,0. Es ist daher auch nicht als Indicator bei Titrationen zu empfehlen. Am besten verwendet man hierfür Indicatoren mit einem recht kleinen Umschlagsgebiet, so daß man die Farbänderung schon bei geringen Änderungen von p_H scharf beobachten kann. Im allgemeinen kann man dann titrieren mit einer Genauigkeit von $p_H = p_T \pm 0,2$; dies entspricht etwa einer Wasserstoffionenkonzentration von $1,6\,T$ und $\dfrac{T}{1,6}$, worin T die zu p_T gehörige Wasserstoffionenkonzentration ist. Arbeitet man mit einer Vergleichslösung, so kann man auf $p_H = p_T \pm 0,1$ titrieren, entsprechend $[\text{H}^{\cdot}]\ 1,2\,T$ und $\dfrac{T}{1,2}$.

Unter Beobachtung bestimmter Vorsichstmaßregeln kann man noch genauer auf den richtigen Endpunkt titrieren. Diese sind sehr ausführlich in dem mehrfach erwähnten Werke von Bjerrum besprochen.

In der nachstehenden Tabelle sind die besten Indicatorkonzentrationen zur Titration auf einen bestimmten Titrierexponenten bei Zimmertemperatur angegeben.

Titrierexponenten und Konzentrationen der gebräuchlichsten Indicatoren.

Indicator	p_T	Farbe	Indicator-Konzentration
Tropäolin 00	2,8	gelb-orange	1 ccm $1\,^0\!/_{00}$ auf 100 ccm
Dimethylgelb	4	gelb-orange	0,2—0,5 „ 1 „ „ 100 „
Methylorange	4	orange	0,2—0,5 „ 1 „ „ 100 „
Methylrot	5	gelb-rot	0,2—0,5 „ 2 „ „ 100 „
Neutralrot	7	orange	0,2—0,8 „ 1 „ „ 100 „
Phenolphthalein	{8	schwach rosa	0,8—1,0 „ $1\,^0\!/_0$ „ 100 „
	9	schwach rosa	0,3—0,4 „ $1\,^0\!/_{00}$ „ 100 „
Thymolphthalein	10	schwach blau	0,5—1 „ 1 „ „ 100 „
Tropäolin 0	11,2	orange-braun	0,5—1 „ 1 „ „ 100 „

3. Neutralisation starker Säuren mit starken Basen.

Wenn man mit kohlensäurefreien Lösungen und gleichfalls carbonatfreien Laugen arbeiten kann, so ist es bei normalen Lösungen gleichgültig, welchen Indicator man benutzt, soweit man sich in seiner Wahl auf die zwischen Dimethylgelb und Thymolphthalein stehenden Indicatoren beschränkt, da aus der Tabelle über den notwendigen Überschuß zu ersehen ist, daß man zu 100 ccm einer neutralen Lösung 0,01 ccm n-Säure zusetzen muß, um gerade den Farbumschlag des Dimethylgelbs beobachten zu können, und gleichfalls 0,01 ccm n-Lauge, um eine schwach blaue Färbung des Thymolphthaleins zu bekommen.

Der Spielraum zwischen Dimethylgelb einerseits und Thymolphthalein oder Phenolphthalein andererseits beträgt für Normallösungen also 0,02 ccm n auf 100 ccm. Wenn man mit 0,1 n-Lösungen arbeitet, so ist der notwendige Überschuß für Dimethylgelb 0,1 ccm 0,1 n-Säure auf 100 ccm, und auf Phenolphthalein 0,02 ccm 0,1 n-Lauge, der Zwischenraum beträgt also 0,12 ccm 0,1 n. Im Gebrauch findet man diesen Raum meist etwas größer, weil die Natronlauge fast immer etwas Carbonat enthält. Wenn man aber mit Barytwasser arbeitet, so findet man auch praktisch zwischen Dimethylgelb und Phenolphthalein eine Differenz von etwa 0,10 ccm 0,1 n auf 100 ccm. Der Spielraum ist hier sogar kleiner als 0,12 ccm. Das rührt daher, daß man beim Ausgange von einer sauren Lösung bei der Titration mit Laugen nicht auf eine Grenzfarbe des Dimethylgelbs, sondern auf die alkalische Färbung der wäßrigen Lösung titriert. Der hierzu erforderliche Säureüberschuß ist dann kleiner als die oben berechnete Menge.

Bei der Titration von 0,01 n-Lösungen wird der Fehler größer. Der nötige Überschuß an 0,01 n-Säure beträgt auf 100 ccm Flüssigkeit bei Dimethylgelb etwa 1 ccm und bei Phenolphthalein 0,2 ccm 0,1 n-Lauge. Es besteht also hier ein Spielraum von 1,2 ccm auf 100 ccm, das sind 1,2%. Die Differenz zwischen Methylrot und Phenolphthalein ist bedeutend geringer und beträgt nur etwa 0,3 ccm entsprechend 0,3%. Es ist also ratsam, 0,01 n-Säuren oder Basen auf Phenolphthalein oder Methylrot einzustellen und Dimethylgelb hier nicht als Indicator zu verwenden.

Zur Bekräftigung führe ich noch eine von Schoorl (3) veröffentlichte Tabelle an (s. S. 52).

Man arbeitet also am günstigten, wenn man auf die Wasserfärbung hin titriert.

4*

Versuche nach Schoorl.

Verhältnis der n-Säure zur n-Lauge wie 25 : 24,30.

Nach zehnfacher Verdünnung:	Fehler-grenze
a) Titration auf Grenzfarbe:	
mit Phenolphthalein . . . . 25 : 24,35	
mit Methylorange . . . . 25 : 24,24	0,4 %
b) Titration auf Wasserfärbung:	
mit Phenolphthalein . . . . 25 : 24,30	
mit Methylorange . . . . 25 : 24,30	0,0 %
Nach hundertfacher Verdünnung:	
a) Titration auf Grenzfarbe:	
mit Phenolphthalein . . . . 25 : 24,50	
mit Methylorange . . . . 25 : 23,62	3,6 %
b) Titration auf Wasserfärbung:	
mit Phenolphthalein . . . . 25 : 24,28	
mit Methylorange . . . . 25 : 24,20	0,3 %

Auch aus der nachstehenden Versuchsreihe sind die möglichen
Fehler ersichtlich, die beim Arbeiten mit verschiedenen Indicatoren
und 0,01 n-Lösungen entstehen können. 0,01 n-HCl wurde mit
rund 0,01 n-Barytwasser auf verschiedene Indicatoren hin titriert.
Auch die umgekehrte Operation wurde ausgeführt.

25 ccm 0,01 n-HCl verbrauchten auf Dimethylgelb 22,58 / 22,58 } ccm Barytwasser

25 ccm 0,01 n-HCl verbrauchten auf Methylrot 22,74 / 22,71 } ccm Barytwasser

25 ccm 0,01 n-HCl verbrauchten auf
Phenolphthalein . . . . 22,80—22,85 / 22,80—22,85 } ccm Barytwasser

Der Zwischenraum zwischen Dimethylgelb und Phenolphthalein
beträgt hier 0,22 ccm, also 0,9 %, zwischen Methylrot und Phenolphthalein 0,07 ccm, d. h. 0,3 %.

Wie bereits erwähnt, findet man beim Gebrauch carbonat-
haltiger Lauge eine größere Differenz zwischen den Ergebnissen
mit Dimethylgelb und Phenolphthalein. Da nun Natronlauge
meist mehr oder weniger carbonathaltig ist, ist es zweckmäßig,
um den Titer mit verschiedenen Indicatoren festzulegen und jeweils
den entsprechenden Wert einzusetzen.

4. Neutralisation schwacher Säuren mit starken Basen.

Aus der Abb. 1 (S. 21) ist für die Neutralisation von Essigsäure mit Natronlauge ersichtlich, daß die Säure bei der Titrierung auf Dimethylgelb oder Methylrot bis alkalische Färbung noch nicht völlig neutralisiert ist. Dies ist erst der Fall, wenn die Lösung auf Phenolphthalein neutral reagiert. Da das Verhalten der Essigsäure typisch für alle schwachen Säuren ist, so kann man hieraus folgern, daß man die schwachen Säuren mit starken Basen auf Phenolphthalein neutralisieren muß.

Das entstehende neutrale Salz, hier Natriumacetat, reagiert schwach alkalisch oder neutral auf Phenolphthalein, und zwar ist der Wert für p_H abhängig von der Konzentration.

$$\text{n-Natriumacetat } p_{OH} \; 4{,}62 \quad p_H \; 9{,}57,$$
$$0{,}1 \text{ n-} \quad \text{,,} \quad p_{OH} \; 5{,}12 \quad p_H \; 9{,}07,$$
$$0{,}01 \text{ n-} \quad \text{,,} \quad p_{OH} \; 5{,}62 \quad p_H \; 8{,}57.$$

Wenn man also bei Phenolphthalein auf die rosa Farbe titriert, so hat man gerade das neutrale Salz in der Lösung. Gibt man noch etwas mehr Lauge hinzu, so schlägt die Färbung plötzlich nach Intensivrot über. Nun erhebt sich aber die Frage, wie groß darf die Dissoziationskonstante der Säure sein, damit sie noch scharf mit Thymolphthalein oder Phenolphthalein titrierbar ist. Im großen und ganzen wird diese Frage gelöst durch eine Begrenzung der Hydroxylionenkonzentration, d. h. des Hydrolysierungsgrades des entstandenen neutralen Salzes, welch letzterer wieder von der Konzentration abhängig ist. Wenn wir mit 0,1 n-Lösungen arbeiten und annehmen, daß p_H des Neutralsalzes 9—10 sein darf, so ist p_{OH} rund 5—4. Nach der Hydrolyse-Gleichung (23) S. 11 ist:

$$p_{OH} = 7 - {}^1/_2\, p_{HA} - {}^1/_2 \log c \quad \ldots \ldots \quad (23)$$

Im vorliegenden Falle entspricht einem ${}^1/_2 \log c = 0{,}5$ und $p_{OH} = 5$ ein p_{HA} von 5 und ein $K_{HA} = 10^{-5}$. Bei p_{OH} 4 ist $p_{HA} = 7$ und $K_{HA} = 10^{-7}$.

In gleicher Weise ergeben sich bei n-Lösungen die jeweils entsprechenden Werte

$$p_{OH} = 5; \; K_{HA} = 10^{-4}$$
$$p_{OH} = 4; \; K_{HA} = 10^{-6}$$

und bei 0,01 n-Lösungen

$$p_{OH} = 5; \; K_{HA} = 10^{-6}$$
$$p_{OH} = 4; \; K_{HA} = 10^{-8}$$

Wir erhalten so bereits einen ungefähren Eindruck, wie groß die Dissoziationskonstante einer Säure sein darf, damit sie noch auf Phenolphthalein titrierbar ist. So ist z. B. Blausäure nicht mehr mit Phenolphthalein zu titrieren, ihre Dissoziationskonstante ist etwa 10^{-9}. Dann ist in 0,1 n-KCN

$$p_{OH} = 7 - 4,5 + 0,5 = 3; \quad p_H = 11.$$

Bei diesem p_H sind Phenolphthalein und Thymolphthalein bereits lange umgeschlagen.

Ein völlig richtiges Bild über das zulässige Minimum der Dissoziationskonstanten gibt die obige Berechnung nicht, da sie den unrichtigen Eindruck erweckt, daß dieses Minimum bei der Titration von Normallösungen notwendig kleiner sein müßte als bei 0,1 oder 0,01 n-Flüssigkeiten, weil die Hydroxylionenkonzentration in der Normal-Salzlösung größer ist als in der verdünnten. Wir haben jedoch den Titrierfehler noch nicht berücksichtigt.

5. Titrierfehler.

Titrieren wir 50 ccm 0,1 n-Säure mit 50 ccm 0,1 n-Lauge, so daß das Gesamtvolumen 100 ccm wird und sei $p_T = 9$, d. h. titrieren wir auf $p_H = 9$ und sei der zulässige Fehler 0,1 ccm 0,1 n-Lauge, also $2\,^0/_{00}$. Wenn nun die Säure völlig neutralisiert ist, so enthält die hydrolysierte Lösung gleichzeitig einen Überschuß an [OH'], wie auch an nicht dissoziierter Säure, deren Menge wir aus der Hydrolysierungsgleichung berechnen können. Es ist ja in einer 0,05 n-Salzlösung:

$$p_{OH} = -\log [HA] = 7 - {}^1/_2\, p_{HA} + 0,65 = 7,65 - {}^1/_2\, p_{HA}$$
$$\text{und} \quad [HA] = \frac{1,4 \times 10^{-8}}{\sqrt{K_{HA}}} \quad \ldots \ldots \ldots \ldots (47)$$

Ist nun ein Fehler von $0,2\,^0/_0$ zulässig, so heißt das, daß am Ende noch 0,1 ccm 0,1 n-Säure auf je 100 ccm der Säure-Base-Mischung neutralisiert werden muß. Dieses entspricht einer Konzentration:

$$[HA] = 10^{-4} \ldots \ldots \ldots \ldots (48)$$

Aus den beiden Gleichungen (47) und (48) folgt nun, daß die Gesamtmenge der nicht dissoziierten Säure beträgt:

$$\Sigma\,[HA] = 10^{-4} + \frac{1,4 \times 10^{-8}}{\sqrt{K_{HA}}} \quad \ldots \ldots \ldots (49)$$

Nun ist aber die Dissoziationskonstante der Säure

$$K_{HA} = \frac{[H^{\cdot}] \times [A']}{[HA]}.$$

Hieraus folgt, daß

$$[HA] = \frac{[H^{\cdot}] \times [A']}{K_{HA}}.$$

Weil in unserem Falle $[H^{\cdot}] = 10^{-9}$ und $[A'] = 5 \times 10^{-2}$, wird also:

$$[HA] = \frac{5 \times 10^{-11}}{K_{HA}} \quad \cdots \cdots \cdots (50)$$

Da dieser Wert für $[HA]$ gleich dem nach Gleichung (49) berechneten sein muß, ist also

$$10^{-4} + \frac{1,4 \times 10^{-8}}{\sqrt{K_{HA}}} = \frac{5 \times 10^{-11}}{K_{HA}} \quad \cdots \cdots (51)$$

$$K_{HA} + 1,4 \times 10^{-4} \sqrt{K_{HA}} - 5 \times 10^{-7} = 0.$$

Durch Auflösung dieser quadratischen Gleichung findet man $K_{HA} = 4 \times 10^{-7}$; $p_{HA} = 6,40$. Die Dissoziationskonstante darf also nicht kleiner als 4×10^{-7} sein, wenn man mit 0,1 n-Lösungen auf ein $p_T = 9$ arbeiten will, ohne einen größeren Fehler als $0,2\%$ zu machen. Ist ein Fehler von 1% zulässig, dann darf natürlich auch K kleiner sein. Das zulässige Minimum ist dann:

$$K_{HA} = \text{etwa } 10^{-8}; \quad p_{HA} = 8,0.$$

Wenn man auf gleiche Weise berechnet, wie groß K_{HA} mindestens sein muß, um bei einem $p_T = 10$ und einem zulässigen Fehler von $0,2\%$ zu gestatten, so finden wir:

$$K_{HA} = 3 \times 10^{-8} \text{ und } p_{HA} \; 7,5.$$

Ebenso lassen sich die Werte für die Titration mit 0,01 n-Lösungen berechnen.

Einfacher gestaltet sich die Berechnung des Titrierfehlers im gegebenen Fall, wenn die Dissoziationskonstante der Säure bekannt ist.

Beispiel: Neutralisation von 0,1 n-Essigsäure mit 0,1 n-Lauge

a) $p_T = 9$; $p_{HAc} = 4,75$. Die Berechnung zeigt, daß die Titration gerade richtig ist. Beim Arbeiten auf Phenolphthalein oder Thymolphthalein als Indicator entsteht praktisch kein Fehler.

b) $p_T = 7$. Neutralisation auf Neutralrot. Eine einfache Berechnung zeigt, daß wir hierbei die in der neutralen Salzlösung anwesende Menge [HAc] vernachlässigen können wegen der Zurückdrängung der Hydrolyse. Zu einem $p_H = 7$ gehört

$$[HAc] = \frac{10^{-7} \times 5 \times 10^{-2}}{10^{-4,75}} = \text{etwa } 10^{-4}.$$

Bei einem Endvolumen von 100 ccm 0,1 n-Lösung macht man also nur einen Fehler von 0,1 ccm $= 0,2\,^0/_0$.

c) $p_T = 6$. Diesen Wert erhält man bei der Titration von Essigsäure mit Lauge bis zur rein alkalischen Färbung von Methylrot.

[HAc] ist dann etwa 10^{-3}. Der Fehler beträgt also $2\,^0/_0$. Obgleich das Umschlagsgebiet von Methylrot nur allmählich durchlaufen wird, kann man Essigsäure doch mit seiner Hilfe fast völlig neutralisieren, wenn man nur auf die rein alkalische Färbung hinhält.

d) $p_T = 4$. Neutral auf Dimethylgelb. Bei $p_H = 4$ ist

$$[HAc] = \frac{10^{-6,5}}{10^{-4,75}} = 2 \times 10^{-2}.$$

Man erhält also auf Dimethylgelb einen ungenauen und ganz verkehrten Umschlag.

Es zeigte sich in Übereinstimmung mit der Berechnung auch wirklich, daß man die gleichen Titrierzahlen findet, wenn man 0,1 n-Essigsäure mit Neutralrot oder mit Phenolphthalein titriert. Man vergleiche hiermit auch die von Schoorl(3) S. 52 angegebenen Ziffern für die Verwendung von Phenolphthalein und von Lackmus.

6. Neutralisation einer schwachen Base mit einer starken Säure.

Aus der Abb. 1 auf S. 21 ist bereits zu entnehmen, daß man für die Neutralisation von schwachen Basen kein Phenolphthalein verwenden darf, weil dieser Indicator schon umschlägt, ehe die Base neutralisiert ist. Man gebraucht einen alkaliempfindlichen Indicator, und zwar Methylrot oder Dimethylgelb. Welchen man wählt, hängt ab von der Dissoziationskonstante der betreffenden Base. Der Titrierfehler läßt sich auch hier in gleicher Weise wie bei den Säuren berechnen.

Arbeiten wir wieder mit einem Endvolumen von 100 ccm und mit 0,1 n-Lösungen, so darf die Dissoziationskonstante der Base nicht unter einem bestimmten minimalen Wert herabgehen, der sein muß

$$\text{für } p_T = 5; \quad K_{BOH} = > \text{ etwa } 4 \times 10^{-7}; \quad p_{BOH} < \text{ etwa } 6,4$$
$$\text{für } p_T = 4; \quad K_{BOH} = > \text{ etwa } 3 \times 10^{-8}; \quad p_{BOH} < \text{ etwa } 7,5$$

Wenn wir also eine 0,1 n-Baselösung auf Methylrot neutralisieren wollen, so darf die Dissoziationskonstante nicht kleiner als 4×10^{-7} sein, wollen wir aber mit einem größten zulässigen Fehler von $0,2\%$ mit Dimethylgelb als Indicator arbeiten, so muß die Dissoziationskonstante mindestens 3×10^{-8} betragen.

Dies wird deutlich, wenn man z. B. Anilin mit einer Säure auf Dimethylgelb oder Kongorot neutralisieren will. Beckurtz führt an, daß diese Bestimmung wirklich ausgeführt werden kann. Nun ist aber

$$p_{Anilin} = \text{etwa } 9,5.$$

Für $p_T = 3,5$ ist

$$[BOH] = \frac{[B^{\cdot}] \times [OH']}{K_{BOH}}.$$

Unter der Annahme, daß:

$$[B^{\cdot}] = 5 \times 10^{-2} = 10^{-1,3} \text{ und } [OH'] = 10^{-10,5}$$

ist

$$[BOH] = \frac{10^{-11,8}}{10^{-9,5}} = 10^{-2,3} = 5 \times 10^{-3}.$$

Der hierbei mögliche Fehler beträgt also bis zu 10%, dazu kommt noch, daß der mit 3,5 angenommene Titrierexponent nur schwierig zu erhalten ist, wenn man nicht mit einer Vergleichslösung arbeitet. Es zeigte sich, daß die Neutralisation von Anilin auf Dimethylgelb in der Tat unbrauchbare Resultate gibt, wenn man mit 0,1 n-Flüssigkeiten arbeitet. Die Dissoziationskonstante des Anilins ist so klein, daß sie kaum noch mit einem Indicator titriert werden kann. Wenn man aber praktisch brauchbare Resultate erzielen will, so bekommt man noch die besten Ergebnisse, wenn man mit Tropäolin 00 arbeitet und eine normale Lösung von Anilin mit n-Säure titriert (vgl. S. 65).

7. Die Neutralisation von mehrbasischen Säuren oder mehrsäurigen Basen.

Wenn die sämtlichen Dissoziationskonstanten der mehrbasischen Säuren oder mehrsäurigen Basen sehr groß sind, so verhalten diese sich bei der Neutralisation gerade so wie starke einbasische Säuren oder einsäurige Basen. Beispiel Schwefelsäure,

Auf die Neutralisation von Säuren bzw. Basen zum völlig neutralen Salz kann man das bisher für starke oder schwache Säuren bzw. Basen Gesagte genau so anwenden, auch dann, wenn die zweite Dissoziationskonstante nur klein ist (z. B.: die Neutralisation von Oxalsäure zu Kaliumoxalat).

Anders liegt der Fall, wenn man bis auf irgend ein saures Salz titrieren will. Die Basen lassen wir zunächst aus dem Spiel, weil für diese sinngemäß das Gleiche gilt.

Die Neutralisation zu einem sauren Salz ist nur genau durchführbar, wenn ein großer Unterschied zwischen den beiden Dissoziationskonstanten der Säure besteht. Auf einfachem Wege läßt sich ableiten, daß p_H einer solchen Salzlösung etwa die halbe Summe der beiden Säureexponenten beträgt. So ist

$$K_{1CO2} = 3 \times 10^{-7}; \quad K_{2CO2} = 6 \times 10^{-11};$$
$$p_1 = 6,5; \quad p_2 = 10,23.$$

Dann ist p_H einer Bicarbonatlösung:

$$p_H = \frac{6,5 + 10,23}{2} = 8,37.$$

In Wirklichkeit ist p_H einer Bicarbonatlösung gleich 8,4 (Mc Coy (4). Ebenso kann man einfach ableiten, wie groß der Titrierexponent ist, wenn man beispielsweise die Kohlensäure wie eine einbasische Säure titrieren will.

Viel schwieriger als bei den einbasischen Säuren ist es aber für die mehrbasischen Säuren eine allgemein gültige Formel für den Titrierfehler abzuleiten. Deshalb wollen wir hier davon absehen.

Es ist aber ziemlich einfach, im gegebenen Fall den Titrierfehler abzuleiten, wenn man auf ein bestimmtes p_T titriert.

Wollen wir z. B. die Kohlensäure als einbasische Säure neutralisieren, so wissen wir, daß das gebildete Natriumbicarbonat in wäßriger Lösung in HCO_3' und $Na^{\cdot}$ gespalten ist.

Das $[HCO_3']$ spaltet sich weiter:

$$HCO_3' \leftrightarrows H^{\cdot} + CO_3''.$$

Aber nebenher läuft noch die Hydrolyse

$$HCO_3' + H_2O \leftrightarrows H_2CO_3 + OH'.$$

Eine Bicarbonatlösung enthält also neben H_2CO_3 auch noch CO_3''.

Gibt man zu einer solchen Lösung Säure hinzu, so darf man nicht darauf rechnen, daß im Anfang der Gehalt an der zugegebenen Säure mit der gebildeten Menge H_2CO_3 übereinstimmt, weil auch CO_3-Ionen zu $HCO_3{}'$-Ionen neutralisiert werden.

Wie oben erwähnt, ist nach Mc Co y in 0,1 n-Bicarbonatlösung

$$[H^{\cdot}] = 4 \times 10^{-9}; \text{ also } p_H = 8,4.$$

Da nun $[H^{\cdot}]$ sich nur wenig mit der Salzkonzentration ändert, so ist ganz allgemein der Titrierexponent bei der Kohlensäuretitration $p_T = 8,4$. Wie groß ist nun der Fehler, wenn wir auf $p_H = 8,0$ titrieren?

Wir halten die Annahme fest, daß wir mit 0,1 n-Lösungen titrieren, so daß die Endkonzentration des Salzes schließlich 5×10^{-2} ist.

Nun ist

$$K_1 = \frac{[H^{\cdot}] \times [HCO_3{}']}{[H_2CO_3]} = 3 \times 10^{-7}$$

$$K_2 = \frac{[H^{\cdot}] \times [CO_3{}'']}{[HCO_3{}'']} = 6 \times 10^{-11}.$$

Da nun in einer Bicarbonatlösung

$$[H^{\cdot}] = 4 \times 10^{-9} \text{ und } [HCO_3{}'] = 5 \times 10^{-2} \text{ ist,}$$

finden wir für $[H_2CO_3] = 0,6 \times 10^{-3}$.

Wenn wir aber nur auf $p_H = 8,0$ titrieren, so ist $[H^{\cdot}] = 10^{-8}$ und wir finden dann für

$$[H_2CO_3] = 1,6 \times 10^{-3}.$$

Bei diesem $p_T = 8,0$ muß noch eine gewisse Menge H_2CO_3 neutralisiert werden, die einer Konzentration von $(1,6 - 0,6) \times 10^{-3} = 1 \times 10^{-3}$ entspricht.

Nun sind in einer Bicarbonatlösung bereits eine bestimmte Anzahl CO_3-Ionen vorhanden, deren Menge man aus K_2 berechnen kann. Wenn wir nun auf Bicarbonat titrieren, so ist also neben der freien Kohlensäure auch schon ein Teil des Bicarbonats in Carbonat umgesetzt. Titrieren wir nun auf ein kleineres p_H, so wird auch die Menge $CO_3{}''$ kleiner. Die Differenz der ursprünglich in der Bicarbonatlösung vorhandenen $CO_3{}''$-Menge, und der sich bei dem durch Titration gefundenen p_H ($= 8,0$) noch in der Lösung befindlichen Menge ist gleich dem Laugenzusatz, der nötig ist, um nun noch die Kohlensäure zum Bicarbonat zu binden.

In einer 0,05 n-Bicarbonatlösung ist:

$$[CO_3''] = \frac{[HCO_3']}{[H^\cdot]} \cdot K_2 = \frac{5 \times 10^{-2} \times 6 \times 10^{-11}}{4 \times 10^{-9}} = 7,5 \times 10^{-4}$$

Bei $[H^\cdot] = 10^{-8}$ ist

$$[CO_3''] = \frac{3 \times 10^{-12}}{10^{-8}} = 3 \times 10^{-4}.$$

Bei diesem $p_H = 8,0$ muß also wie gesagt noch eine gewisse Laugenmenge zugesetzt werden, die einer Konzentration von $(7,5 - 3) \times 10^{-4} = 4,5 \times 10^{-4}$ entspricht, um einen Teil des HCO_3' in CO_3'' umzusetzen. Wir hatten bereits gefunden, daß die erforderliche Laugenmenge, um bei $p_H = 8,0$ die noch anwesende $[H_2CO_3]$ zu neutralisieren, 1×10^{-3} betrug. Die bei $p_H = 8,0$ erforderliche Gesamtmenge Lauge entspricht also einer Konzentration von $1 \times 10^{-3} + 4,5 \times 10^{-4} = 1,5 \times 10^{-3}$. Diese Konzentration entspricht in unserem Falle einem Fehler von $3^0/_0$. Es zeigt sich also, daß die Titration der Kohlensäure als einbasische Säure unscharf ist, und daß es hierbei erforderlich ist, die Menge des Phenolphthaleins genau anzugeben, damit der Titrierexponent $p_T = 8,4$ möglichst genau eingehalten wird. Man vgl. hierzu die Neutralisationskurve der Kohlensäure in Abb. 4, S. 61.

Aus einer früheren Untersuchung (5) war bekannt, daß man zur Titration der freien Kohlensäure auf je 100 ccm 0,1 ccm $1^0/_0$iges Phenolphthalein zugeben muß, um recht gute Ergebnisse zu erzielen. Aus der Tabelle der Titrierexponenten der verschiedenen Indicatoren geht hervor, daß diese Menge in der Tat einem p_T von 8,4—8,5 entspricht. Wenn man eine andere Menge Phenolphthalein zufügt und bis zur ersten Rotfärbung titriert, muß man Korrektionswerte anbringen.

Bei dieser Art von Titrationen ist also die angewandte Indicatormenge von ziemlicher Bedeutung. Was hier von der Kohlensäure näher ausgeführt wurde, gilt ebenso für die Phosphorsäure. Hier ist der Exponent für die Titration als zweibasische Säure $p_T = 9,3$. Mit Phenolphthalein ist hier also kein scharfer Farbumschlag zu erreichen, aber Thymolphthalein ist, wie ich a. a. O. gezeigt habe, hier gut brauchbar (6).

Will man die Phosphorsäure als einbasische Säure titrieren, so ist der Äquivalenzpunkt (vgl. Abb. 4) bei $p_T = 4,2$ erreicht. Bei dieser Wasserstoffionenkonzentration zeigt Dimethylgelb eine alkalische Übergangsfarbe, so daß man am besten mit einer Vergleichslösung von primärem Phosphat mit der gleichen Indicatormenge versetzt, arbeitet. Der Fehler, der bei der Titration auf ein anderes p_H entsteht, kann ähnlich, wie oben bei der Kohlensäure angegeben ist, berechnet werden. Zu beachten ist dabei erstens der Fehler, der durch die nichtdissoziierte Phosphorsäure bedingt

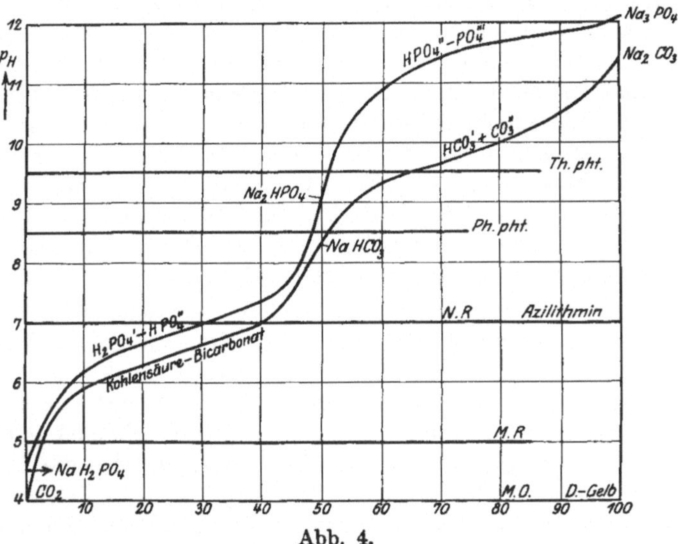

Abb. 4.

ist, und weiter den durch die Anwesenheit des sekundären Phosphats bedingten.

$$H_2PO_4' + H_2O \leftrightarrows H_3PO_4 + OH'$$
$$H_2PO_4' \leftrightarrows H^{\cdot} + HPO_4''.$$

Bezüglich der acidimetrischen Bestimmung der schwefligen Säure und der Pyrophosphorsäure sei hier auf die ursprüngliche Literatur verwiesen (7).

Endlich sei noch bemerkt, daß man den Titrierexponenten und den möglichen Titrierfehler aus den Dissoziationskonstanten berechnen kann, wie oben gezeigt ist, daß es aber zweckmäßiger ist, diese Größen experimentell festzulegen.

8. Die Neutralisation schwacher Säuren mit schwachen Basen.

Wie aus der Abb. 2 (S. 23) ersichtlich, zeigt die Neutralisationskurve der Essigsäure mit Ammoniak im ganzen einen flachen Verlauf. Nur in der Gegend des neutralen Punktes zwischen $p_H = 6{,}5$ bis etwa $p_H = 7{,}5$ ist die Senkung steiler. Es ist also zu erwarten, daß die Neutralisation der Essigsäure mit Ammoniak oder umgekehrt weder mit einem säureempfindlichen, noch mit einem alkaliempfindlichen Indicator ausführbar ist. Titriert man auf Methylrot bis zur alkalischen Farbe, so ist immer noch etwa $5\,^0/_0$ freie Essigsäure anwesend, und wenn man auf Phenolphthalein neutralisiert, so ist noch immer ziemlich viel nicht neutralisiertes Ammoniak in der Lösung. In diesem Falle ist allein Neutralrot oder ein anderer halbempfindlicher Indicator verwendbar. Im Falle von Essigsäure und Ammoniak beträgt der Titrierexponent 7,0. Man nimmt deshalb am besten eine Vergleichslösung mit diesem selben $p_H = 7{,}0$. Der Umschlag ist freilich nicht ganz scharf, aber mit einiger Übung kann man doch eine recht erhebliche Genauigkeit erreichen (vgl. untenstehende Tabelle).

In gleicher Weise kann man andere schwache Säuren mit Ammoniak oder anderen schwachen Basen titrieren (6). Als Titrierexponent legt man den Wasserstoffexponenten des neutralen Salzes zugrunde. Voraussetzung ist aber dabei, daß die Dissoziationskonstanten von Säure und Base nicht erheblich kleiner als 10^{-6} werden, da sonst der Einfluß der Hydrolyse die Fehler zu sehr vergrößert. Diese Titrierfehler lassen sich ähnlich wie bei der Kohlensäure ausgeführt berechnen. Einige Versuchsergebnisse seien hier angeführt.

Titration von 25 ccm 0,1 n-Essigsäure mit 0,1 n-Ammoniak

Indicator	Gefunden	Abweichung
Neutralrot	24,96 ⎫	$-0{,}16\,^0/_0$ ⎫
$p_r = 7{,}1$	25,00 ⎭	0,0 ,, ⎭
Phenolphthalein	25,85 ⎫	$+3{,}4$,, ⎫
$p_r = 8{,}0$	25,80 ⎭	$+3{,}2$,, ⎭
Methylrot	24,30 ⎫	$-2{,}8$,, ⎫
$p_r = 6{,}2$	24,25 ⎭	$-3{,}00$,, ⎭

Die Titration mit Neutralrot läßt sich also sehr gut ausführen, wenn man eine Vergleichslösung hinzunimmt, deren p_H dem Titrierexponenten entspricht. Phenolphthalein und Methylrot sind aber für diesen Fall unbrauchbar.

9. Titration von gebundenem Alkali in einem Salz einer schwachen Säure und Titration einer gebundenen Säure in dem Salz einer schwachen Base.

Wie bekannt, läßt sich das Alkali in dem Salz einer schwachen Säure titrimetrisch mit Salzsäure bestimmen, wenn die Säure des Salzes so schwach ist, daß sie nicht dem alkaliempfindlichen Indicator eine saure Zwischenfarbe verleiht. So gibt beispielsweise eine gesättigte Kohlensäurelösung mit Dimethylgelb gerade eine schwachsaure Zwischenfarbe, so daß man an Kohlensäure gebundenes Alkali mit diesem Indicator gerade noch titrieren kann. Wir wollen nun ableiten, wie groß die Dissoziationskonstante der Säure sein darf, damit die Titration noch scharf, ohne einen etwa $0,2\,^0/_0$ übersteigenden Fehler ausführbar ist.

Wenn die Wasserstoffionenkonzentration der Lösung der schwachen Säure nicht größer als 10^{-4} sein darf, so können wir überschlägig berechnen, wie groß die Dissoziationskonstante der Säure maximal sein darf, damit die Titration noch hinreichend genau ausführbar ist. Ist nämlich die Gesamtkonzentration der ungespaltenen Säure am Ende der Titration wieder 5×10^{-2}, also arbeiten wir wieder mit 0,1 n-Flüssigkeiten, so folgt aus der Gleichung:

$$\frac{[\text{H}^{\cdot}]\,[\text{A}']}{[\text{HA}]} = K_{\text{HA}}$$

wie groß K_{HA} maximal sein darf.

Da $[\text{H}^{\cdot}] = [\text{A}'] = 10^{-4}$; und $[\text{HA}] = 5 \times 10^{-2}$ ist $K_{\text{HA}} = {} < 2 \times 10^{-7}$, $p_{\text{HA}} = {} > 6,30$.

Darf die Wasserstoffionenkonzentration am Ende der Titration höchstens 10^{-5} sein, so ist:

$$K_{\text{HA}} = {} < 2 \times 10^{-9} \quad p_{\text{HA}} = {} > 8,30.$$

Auch den Titrierfehler können wir aus K_{HA} einfach berechnen. Wir legen dabei zugrunde, daß derselbe höchstens $2\,^0/_{00}$ betragen darf, d. h. daß unzersetzt höchstens noch $2\,^0/_{00}$ des Salzes vorhanden sein darf. Ist $p_{\text{T}} = 4,0$, so finden wir:

$$[\text{A}'] = \frac{5 \times 10^{-2}}{10^{-4}} \times K_{\text{HA}}.$$

Diese $[\text{A}']$ stimmt nun nicht ganz mit der Konzentration des noch unversetzten Salzes überein, weil die Lösung der schwachen Säure am Endpunkt auch noch etwas Anionen enthält. Diese

Menge muß noch von dem obigen Wert abgezogen werden und ist auch einfach zu berechnen: In der Säurelösung ist

$$[H^{\cdot}]^2 = [A']^2 = \sqrt{K_{HA} \cdot [HA]}$$
$$[A'] = 2,2 \times 10^{-1} \sqrt{K_{HA}}.$$

Bei einem $p_T = 4$, beträgt die Konzentration von $[A']$ geliefert vom unversetzten Salz

$$[A'] = \frac{5 \times 10^{-2}}{10^{-4}} \cdot K_{HA} - 2,2 \times 10^{-1} \sqrt{K_{HA}} \quad . \quad . \quad . \quad (52)$$

Da der Fehler von $2\,^0/_{00}$ vorausgesetzt wurde, ist hier $[A']$ bei der Titration von 0,1 n-Flüssigkeit gleich 10^{-4} Hieraus und aus der Gleichung (52) folgt dann, daß

$$5 \times 10^{-2}\,K_{HA} - 0,22 \sqrt{K_{HA}} = 10^{-4}.$$

Hieraus folgt

$$K_{HA} = 5 \times 10^{-7} \quad p_{HA} = 6,3.$$

Auf gleiche Weise läßt sich berechnen, wie groß K_{HA} sein darf bei $p_r = 5$ und einer Fehlergrenze von $2\,^0/_{00}$. Wir finden hierüber

$$K_{HA} = 2,5 \times 10^{-8}, \text{ und } p_{HA} = 7,6.$$

Wenn man also gebundenes Alkali mit 0,1 n-Lösungen und Dimethylgelb $[p_T = 4]$ titrieren will, so muß

$$K_{HA} = {} < 5 \times 10^{-7} \text{ und } p_{HA} = {} > 6,3 \text{ sein;}$$

bei der Anwendung von Methylrot $[p_T = 5]$ hingegen

$$K_{HA} = {} < 2,5 \times 10^{-8} \text{ und } p_{HA} = {} > 7,6$$

immer mit der maximalen Fehlergrenze von $2\,^0/_{00}$.

In gleicher Weise läßt sich für den Gebrauch anders konzentrierter Lösungen das Maximum der Dissoziationskonstante berechnen (vgl. S. 65, sub 10). Hat man aber Salze in Händen, deren Säuren schwer löslich sind, so erreicht die Konzentration der nicht ionisierten Säure bald ihren Höchstwert und bleibt dann konstant. Bei der Berechnung ist dabei zu beachten, daß [HA] mit der Konzentration der gesättigten Lösung übereinstimmt. So ist für Kohlensäure die größtmögliche Konzentration in Wasser von Zimmertemperatur etwa 5×10^{-2} molar.

Umgekehrt läßt sich einfach rechnerisch festlegen, wie groß die Dissoziationskonstante einer Base sein darf, wenn man die gebundene Säure des Salzes mit Lauge auf Phenolphthalein oder

Thymolphthalein titrieren will. Legt man wieder 0,1 n-Lösungen einen Fehler von $2\,^0/_{00}$ und $p_T = 9{,}0$ zugrunde, so erhält man:

$$K_{BOH} = <2{,}5 \times 10^{-8} \qquad p_{BOH} = >7{,}6$$

und bei $p_T = 10$:

$$K_{BOH} = <5 \times 10^{-7} \qquad p_{BOH} = >6{,}3.$$

Diese Ableitungen lassen sich sehr vielfältig benutzen. Es läßt sich beispielsweise daraus folgern, daß man das als Carbonat oder Bicarbonat gebundene Alkali nicht mit Methylrot bestimmen darf, da mit diesem Indicator der Fehler zu groß wird. Dimethylgelb wird hier aber ausgezeichnet seinen Zweck erfüllen. Andererseits läßt sich mit Hilfe von Methylrot das an Borsäure oder Blausäure gebundene Alkali ausgezeichnet bestimmen, wenn man einen p_T zugrunde legt, das übereinstimmt mit dem p_H einer wäßrigen Säurelösung, wie sie am Ende der Titration vorhanden ist.

Auch die Titration der an schwachen Alkalien gebundenen Säuren läßt sich ausführen. So kann man Aluminium und einige andere Metallsalze unter bestimmten Bedingungen recht gut auf Phenolphthalein titrieren. Auch die an Anilin und Alkaloide u. dgl. gebundenen Säuren lassen sich unter Beobachtung des Titrierexponenten titrimetrisch bestimmen. Aus dem bekannten p_T läßt sich in jedem Fall der Titrierfehler berechnen.

10. Titration von n-Säuren oder n-Basen.

In diesem Kapitel ist stets die Verwendung von 0,1 n- oder noch verdünnteren Lösungen angenommen. Es läßt sich aber einfach nachweisen, daß man mit normalen Flüssigkeiten viele Titrationen ausführen kann, die sich mit 0,1 n-Lösungen nicht hinreichend genau vornehmen lassen (9). Auf S. 57 haben wir gesehen, daß die Titration einer Base sich mit Dimethylgelb als Indicator und 0,1 n-Säure noch mit einer Genauigkeit von $2\,^0/_{00}$ ausführen läßt, wenn die Dissoziationskonstante größer als 3×10^{-8} ist. Ist sie kleiner, so wird der Titrierfehler größer. Nehmen wir in diesem Fall einen weniger säureempfindlichen Indicator, wie Tropäolin 00, so wird der Farbumschlag mit 0,1 n-Säure in der Nähe des Äquivalenzpunktes nur sehr schwer erkennbar sein (vgl. S. 47). Titrieren wir hingegen eine 1,0 n-Lösung einer schwachen Base mit einer Dissoziationskonstante von 10^{-9} mit 1,0 n-Säure, so läßt sich diese Bestimmung mit einer Genauigkeit von $2\,^0/_{00}$ sehr leicht ausführen, wenn wir so lange Säure zusetzen, bis die erste

Abweichung von der Wasserfärbung bemerkbar ist. In ähnlicher Weise wie bei der Berechnung des Titrierfehlers läßt sich auch hier ableiten, daß noch Basen mit Dissoziationskonstanten bis zu 10^{-10} mit einer Genauigkeit von 1% mit Tropäolin 00 titrierbar sind. Man muß dann freilich mit Vergleichslösungen arbeiten, die das gleiche p_H besitzen, wie die zu titrierende Flüssigkeit im Äquivalenzpunkt. Ist die Dissoziationskonstante der Base bekannt, so läßt sich das p_H ja einfach aus den Hydrolysegesetzen berechnen.

Ebenso läßt sich ableiten, daß man die an Säuren gebundenen Basen mit einer Genauigkeit von 1% auf Tropäolin 00 titrieren kann, wenn die Dissoziationskonstanten der Säuren kleiner als 10^{-4} sind, natürlich unter Bedingung, daß man passende Vergleichslösungen und normale Titrierflüssigkeiten verwendet. Bei der Titration von 25 ccm 1,0 n-Alkaliacetat mit 1,0 n-Säure fand ich Titerzahlen von 25,05 ccm; 25,04 ccm; 25,10 ccm. Als Vergleichsflüssigkeiten kann man in diesem Fall verwenden 0,5 n-Essigsäure oder 0,003 n-Salzsäure. Auch an Ameisensäure gebundenes Alkali läßt sich noch titrieren mit einer Genauigkeit von $1-2\%$. Von praktischer Bedeutung ist ferner, daß man Basen wie Anilin, Urotropin u. dgl. bequem mit $0,5\%$ Genauigkeit bestimmen kann. Alles, was für die Anwendung der 1,0 n-Säuren angegeben ist, gilt mutatis mutandis auch für die Anwendung der 1,0 n-Base als Titrierflüssigkeit. Bei der Verwendung von Tropäolin 0 oder Nitramin als Indicator und zweckmäßigen Vergleichslösungen lassen sich noch schwache Säuren, deren Dissoziationskonstante nicht kleiner als 10^{-10} ist, mit einer Fehlergrenze von 1% bestimmen, ebenso Säuren, die an Basen gebunden sind, deren Dissoziationskonstanten kleiner als 10^{-4} sind. Dabei ist zu beachten, daß man die Vergleichslösungen lieber nicht durch die Verdünnung von Natronlauge herstellt, da die Spuren von Kohlensäure, die aus der Luft in das Wasser gelangen können, bereits einen sehr großen Einfluß auf die Färbung ausüben können. Daher sind Vergleichslösungen aus Soda praktischer.

Die Titration mit 1,0 n-NaOH ist u. a. praktisch wichtig für die Bestimmung von Borsäure oder Phenole. Für die Untersuchung von Düngemitteln ist es recht wichtig, daß man die an Ammoniak gebundenen Säuren mit 1,0 n-Reagenzien auf Tropäolin 0 oder Nitramin als Indicator bestimmen kann.

Die maximale Fehlergrenze von 1% werden in den Fällen erreicht, in denen die Dissoziationskonstanten gerade die oben angegebenen, noch zulässigen Grenzen erreichen. Sind die Bedingungen günstiger, so werden auch die Fehler geringer (vgl. Kolthoff [9]).

11. Gemische von Säuren oder Basen.

Liegt ein Gemisch von Säuren oder Basen mit stark voneinander abweichenden Dissoziationskonstanten vor, so läßt sich nach dem Vorhergehenden leicht berechnen, ob man die Einzelbestandteile nebeneinander mit verschiedenen Indicatoren titrimetrisch bestimmen kann, und wie groß dabei die maximalen Fehlergrenzen sein werden. Eine eingehende Untersuchung hierüber wird bald von der Hand des Verf. veröffentlicht werden.

Literaturübersicht zum dritten Kapitel.

1. Bjerrum, Die Theorie der alkalimetrischen und acidimetrischen Titrierungen. „Samml. Herz" 1914, S. 57.
2. Noyes, Journ. of the Americ. chem. soc. **32**, 825 (1910).
3. Schoorl, Chem. Weekbl. **3**, 719, 771, 807 (1906).
4. Mc Coy, Amer. Chem. Journ. **31**, 503 (1904).
5. Kolthoff, Chem. Weekbl. **14**, 780 (1917); **17**, 390 (1920).
   Hiller, Ber. **11**, 460 (1878); Lunge, Ber. **11**, 1944 (1878); Warder, Amer. Chem. Journ. **3**, 55 (1881); Lux, Zeitschr. f. anal. Chem. **19**, 457 (1880); Küster, Zeitschr. f. anorg. Chem. **13**, 127 (1897); Auerbach, Zeitschr. f. angew. Chem. **25**, 1722 (1912); Mc Bain, Journ. of the chem. soc. London **101**, 814 (1912); Johnston, Journ. of the Americ. chem. soc. **38**, 947 (1916).
6. Kolthoff, Chem. Weekbl. **12**, 645 (1915); **14**, 517 (1917).
7. — Chem. Weekbl. **16**, 1154 (1919); Pharmac. Weekbl. **57**, 474 (1920).
8. — Pharmac. Weekbl. **57**, 787 (1920).
9. — Zeitschr. f. anorg. Chem. **115**, 168 (1921); vgl. auch Prideaux, Zeitschr. f. anorg. Chem. **85**, 362 (1913).

Anhang zum dritten Kapitel.

Obgleich aus der Tabelle der Dissoziationskonstanten am Ende dieses Buches und den in diesem Kapitel gemachten Ausführungen sich leicht übersehen läßt, welche Säuren und Basen sich unter bestimmten Verhältnissen mit genügender Genauigkeit titrieren lassen, wird doch die nachstehende Tabelle zum einfacheren Gebrauch hier angeführt. Bei ihrer Aufstellung ist angenommen, daß die Säuren stets mit starken Basen und die Basen stets mit starken Säuren titriert werden.

Säuren, die an Schwermetalle oder Alkaloide gebunden sind, werden im allgemeinen mit Phenolphthalein titriert.

Titrimetrisch zu bestimmende Säuren:

Säuren	Indicator
Starke Säuren	alle
Ameisensäure und Homologe . .	Phenolphthalein, Neutralrot
Oxalsäure und Homologe	,, ,,
Fluorwasserstoff	,,
Borsäure mit Polyalkohol . . .	,,
,, ohne Polyalkohol . . .	Tropäolin 0
Chromsäure	Phenolphthalein, Thymolphthalein
Cyanwasserstoffsäure	Tropäolin 0
Aliph. Oxysäuren.	Phenolphthalein, Neutralrot
Trichloressigsäure	alle
Benzoesäure und Homologe . .	Phenolphthalein
Salicylsäure	,, Neutralrot, Methylrot
Zimtsäure	,,
Pikrinsäure	,, Neutralrot, Methylrot
Gallussäure	Methylrot (kein Phenolphthalein)
Hippursäure	Phenolphthalein
Phthalsäure	,, Neutralrot
Harnsäure	,, oder Thymolphthalein
Saccharin	Phenolphthalein, Methylrot.

Die oben genannten zweibasischen Säuren sind im allgemeinen mit Farbenindicatoren nicht als einbasische Säuren zu titrieren. Die nachstehenden Säuren verhalten sich hinsichtlich ihrer Titrieracidität verschieden gegen verschiedene Indicatoren.

Phosphorsäure und Arsensäure: Als einbasische Säuren auf Dimethylgelb oder Methylorange, mit primärem Phosphat als Vergleichslösung.
Als zweibasische Säure auf Thymolphthalein. Auch Phenolphthalein ist brauchbar, wenn die Lösung mit Kochsalz gesättigt ist.
Als dreibasische Säure nicht titrierbar.

Pyrophosphorsäure: Als zweibasische Säure auf Dimethylgelb oder Methylorange bis $p_T = 4{,}0$.
Als vierbasische Säure auf Phenol- bzw. Thymolphthalein bei Gegenwart von genügend Bariumsalz.

Kohlensäure: Als einbasische Säure auf Phenolphthalein bei Gegenwart von genügend Kochsalz oder Glycerin.
Als zweibasische Säure auf Phenolphthalein bei Gegenwart von genügend Bariumsalz.

Schweflige Säure: Als einbasische Säure auf Dimethylgelb oder Methylorange.
Als zweibasische Säure auf Phenolphthalein bei Anwesenheit von genügend Bariumsalz.

Glycerophosphorsäure: Als einbasische Säure mit Dimethylgelb oder Methylorange.
Als zweibasische Säuren auf Phenolphthalein.

Titrimetrisch zu bestimmende Basen.

Gebunden an:	Indicator
Borsäure	Methylrot, Methylorange, Dimethylgelb
Kohlensäure	„ „
Schwefelwasserstoff.	„ „ „
Phosphorsäure zu prim. Phosphat	„ „
Essigsäure u. a.	Tropäolin 00 mit 1,0 n-HCl und Essigsäure als Vergleichsflüssigkeit (vgl. S. 65).
Starke Basen	alle
Ammoniak	Methylrot, Methylorange, Dimethylgelb
Anilin	Tropäolin 00
Hydrazin	Methylrot, Methylorange, Dimethylgelb
Amine	„ „ „
Aconitin	„ „
Brucin (einsäurig)	„ „ „
China-Alkaloide (einsäurig) . . .	„
Chinolin.	„ „
Cocain	„ „
Emetin	„ „ „
Hexamethylentetramin	Tropäolin 00 (vgl. S. 65)
Coniin	Methylrot, Methylorange, Dimethylgelb
Narcotin	„ „
Papaverin	„ „
Morphin	„ „ „
Piperazin	„ „ „
Atropin.	„ „ „
Pilocarpin	„ „ „
Spartein	„ „ „
Strychnin (einsäurig)	„ „

Viertes Kapitel.

Die colorimetrische Bestimmung der Wasserstoffionenkonzentration.

1. Das Prinzip der Methode beruht darauf, daß jeder Indicator ein bestimmtes Umschlagsgebiet besitzt, in dem er bei einer Änderung der Wasserstoffionenkonzentration seine Farbe verändert. Wenn man also von einer gegebenen Lösung das p_H erkennen will und einen geeigneten Indicator zusetzt, der in ihr eine Zwischenfarbe annimmt, so kann man durch den Vergleich dieser Farbe mit derselben, die dieser Indicator in anderen Lösungen hat, deren p_H bekannt ist, auch den gesuchten Wasserstoffexponenten finden. Es ist also ein Vergleichsverfahren, dessen Genauigkeit in erster Linie auf der Richtigkeit der Vergleichslösungen beruht. Das p_H dieser letzteren ist mit der Wasserstoffelektrode bestimmt. Diese Eichung mit der Wasserstoffelektrode ist also die Urmethode, auf der die ganze colorimetrische Methode sich stützt. Es wird sich unten noch zeigen, daß durch die Anwesenheit verschiedener Stoffe Abweichungen von dem richtigen Wert bei dem colorimetrischen Verfahren verursacht werden können.

2. Standardlösungen. Der Wasserstoffexponent der Vergleichslösungen muß mit der größten Genauigkeit bestimmt werden. Weniger zu empfehlen ist hierzu die Methode von Michaelis (1), die mit Hilfe der bekannten Dissoziationskonstanten der Säuren und Basen den p_H-Wert verschiedener Puffergemische wie von Essigsäure-Acetat oder Ammoniak-Ammoniumchlorid berechnet. Eine besonders nützliche Arbeit verrichtete S. P. L. Sörensen (2), der eine Reihe von Puffergemischen mit sehr weit auseinanderliegenden p_H-Werten herstellte. Von allen diesen Lösungen hat er den Wasserstoffexponenten mit der Wasserstoffelektrode bestimmt. Walpole (3) hat nach ihm die p_H-Werte von Gemischen aus Essigsäure und Natriumacetat genau gemessen, Palitzsch (4) untersuchte das System Borsäure-Borax, Clark und Lubs (5) haben eine Stufenleiter von Puffergemischen aufgestellt, deren p_H in Absätzen von 0,2 Einheiten von 2,0 bis 10,0 stieg.

Wie schon im ersten Kapitel erwähnt, ist der Pufferwert von Gemischen schwacher Säuren oder schwacher Basen mit ihren Salzen nicht in allen Fällen gleich wirksam. Am stärksten ist die Ausgleichswirkung in einer Lösung, deren $p_H = p_{HA}$, die also annähernd gleiche Mengen Salz und Säure enthält. Hierbei ändert sich der Wasserstoffexponent bei geringen Schwankungen der Zusammensetzung nur sehr wenig. Je größer aber der Unterschied zwischen p_H und p_{HA} ist, um so geringer ist die Pufferwirkung, so daß bei einem $p_H = p_{HA} \pm 2$, die Lösung kaum noch eine Pufferwirkung zeigt. Dieses muß bei der Anwendung der verschiedenen Puffergemische beachtet werden.

Die Gemische nach Clark und Lubs (5) sind sehr einfach herzustellen. Die Ausgangsstoffe sind leicht in reiner Form zu erlangen und die gleichen Unterschiede der p_H-Werte, die um je 0,2 voneinander abweichen, bieten praktische Vorteile. Die von Sörensen (2) benutzten Chemikalien sind nicht alle so leicht zu beschaffen und auf ihre Reinheit zu kontrollieren. Ich übernehme daher nur das System Borax-Natron von ihm. Weiter führe ich eine Reihe von Borsäure-Borax-Gemischen an, deren p_H-Werte von Palitzsch genau bestimmt wurden. Da ferner auch Gemische von Soda und Salzsäure mit guter Pufferwirkung leicht herzustellen und recht haltbar sind, habe ich für eine Reihe dieses Systems p_H mit der Wasserstoffelektrode gemeinsam mit Professor W. E. Ringer im Utrechter Physiologischen Laboratorium bestimmt. Endlich habe ich aus Messungen von Ringer (6) die p_H-Werte von Gemischen sekundären Phosphats mit Natron abgeleitet, so daß wir jetzt auch Puffergemische zwischen $p_H = 11$ und 12 besitzen.

Nachstehende Vergleichslösungen werden empfohlen:

	Autor	p_H
I. Salzsäure mit Chlorkalium. . . .	Clark und Lubs	1,0 — 2,2
II. Salzsäure mit Kaliumbiphthalat .	„ „ „	2,2 — 3,8
III. Kaliumbiphthalat mit Natron . .	„ „ „	4,0 — 6,2
IV. Natron mit Kaliumbiphosphat . .	„ „ „	6,2 — 8,0
V. Borsäure mit Kaliumchlorid und Natron	„ „ „	8,0 —10,0
VI. Borsäure mit Kaliumchlorid und Borax	Palitzsch	8,0 — 9,24
VII. Borax mit Natron	Sörensen	9,24—10,0
VIII. Soda mit Salzsäure	Kolthoff	10,0 —11,0
IX. Sekundäres Natriumphosphat mit Natron	Ringer	11,0 —12,0

Reinheit der Präparate. Salzsäure und carbonatfreie Natronlauge werden nach den in der Titrimetrie bekannten Verfahren hergestellt. Kaliumbiphthalat wird nach Dodge (7) mit einer kleinen Abänderung nach Clark und Lubs (5) gewonnen, indem man 60 g Ätzkali (das nur wenig Carbonat enthält) in 400 ccm Wasser auflöst und 50 g Orthophthalsäure oder doppelt sublimiertes Phthalsäureanhydrid zugibt. Die Lösung wird dann mit Phthalsäure oder Kalilauge auf ganz schwach alkalische Reaktion gegen Phenolphthalein eingestellt und dann nochmals die gleiche Menge Phthalsäure zugegeben. Die aufgekochte Lösung wird heiß filtriert und das Kaliumbiphthalat unter häufigem Umschütteln beim Abkühlen durch Krystallisation gewonnen. Die abgenutschten Salzmengen werden wenigstens zweimal umkrystallisiert und bei 110—115^0 getrocknet.

Primäres Natrium- oder Kaliumphosphat. Sörensen verwandte Kaliumphosphat, Präparat Kahlbaum. Es zeigte sich, daß man ebensogut primäres Natriumphosphat benutzen kann, ohne das p_H zu verändern. Das Handelsprodukt wird dann einfach zwei- bis dreimal aus Wasser umkrystallisiert und bei 110^0 bis zum konstanten Gewicht getrocknet.

Sekundäres Natriumphosphat. Sörensen verwandte ohne weitere Nachprüfung $Na_2HPO_4 \cdot 2\,H_2O$ von Kahlbaum. Ich gehe vom Handelsprodukt mit zwölf Molekülen Wasser aus, das ich dreimal gestört umkrystallisiere und dann im Exsiccator über Chlorcalcium bis zum konstanten Gewicht trockne. Es hat dann die gewünschte Zusammensetzung $Na_2HPO_4 \cdot 2\,H_2O$.

Borsäure. Das Handelspräparat wird wenigstens dreimal aus Wasser umkrystallisiert, dann in dünner Schicht zwischen Filtrierpapier, endlich kurze Zeit im Trockenschrank bei 100^0 oder im Vacuumexsiccator bei Zimmertemperatur getrocknet.

Borax. Das dreimal aus Wasser umkrystallisierte Handelspräparat wird im Exsiccator über Bromnatrium getrocknet bis zum konstanten Gewicht. Es hat dann die Zusammensetzung $Na_2B_4O_7 \cdot 10\,H_2O$.

Natriumcarbonat wird am einfachsten chemisch rein gewonnen, indem man Natriumbicarbonat oder Natriumoxalat eine halbe Stunde auf 360^0 erhitzt (Sörensen (8), Lunge (8)).

In der nachstehenden Tabelle ist eine Zusammenstellung der verschiedenen Puffergemische mit ihren Wasserstoffexponenten wiedergegeben. In der letzten Spalte sind die zweckmäßigsten Indicatoren angeführt. Die klein gedruckten Mischungen üben keine gute Pufferwirkung mehr aus.

$^1/_5$ mol. HCl + $^1/_5$ mol. KCl (Clark und Lubs (5)).

Zusammensetzung					pH	Indicator
97,0	ccm HCl + 50 ccm	KCl	bis 200 ccm		1,0	
64,5	,, ,, + 50 ,,	,,	,, 200 ,,		1,2	
41,5	,, ,, + 50 ,,	,,	,, 200 ,,		1,4	Tetrabrom-
26,3	,, ,, + 50 ,,	,,	,, 200 ,,		1,6	phenolsulfon-
16,6	,, ,, + 50 ,,	,,	,, 200 ,,		1,8	phthalein
10,6	,, ,, + 50 ,,	,,	,, 200 ,,		2,0	
6,7	,, ,, + 50 ,,	,,	,, 200 ,,		2,2	

$^1/_5$ mol. Kaliumbiphthalat + $^1/_5$ mol. HCl (Clark und Lubs (5)).

Zusammensetzung				pH	Indicator
46,70	ccm HCl + 50 ccm Biphthalat bis 200 ccm			2,2	
39,60	,, ,, + 50 ,, ,, ,, 200 ,,			2,4	Tropäolin 00
32,95	,, ,, + 50 ,, ,, ,, 200 ,,			2,6	(Tetrabromphenol-
26,42	,, ,, + 50 ,, ,, ,, 200 ,,			2,8	sulfonphthalein)
20,32	,, ,, + 50 ,, ,, ,, 200 ,,			3,0	
14,70	,, ,, + 50 ,, ,, ,, 200 ,,			3,2	
9,90	,, ,, + 50 ,, ,, ,, 200 ,,			3,4	Methylorange
5,97	,, ,, + 50 ,, ,, ,, 200 ,,			3,6	
2,63	,, ,, + 50 ,, ,, ,, 200 ,,			3,8	

$^1/_5$ mol. Kaliumbiphthalat + $^1/_5$ mol. NaOH (Clark und Lubs (5)).

Zusammensetzung				pH	Indicator
0,40	ccm NaOH + 50 ccm Biphthalat bis 200 ccm			4,0	Methylorange
3,70	,, ,, + 50 ,, ,, ,, 200 ,,			4,2	
7,50	,, ,, + 50 ,, ,, ,, 200 ,,			4,4	
12,15	,, ,, + 50 ,, ,, ,, 200 ,,			4,6	
17,70	,, ,, + 50 ,, ,, ,, 200 ,,			4,8	
23,85	,, ,, + 50 ,, ,, ,, 200 ,,			5,0	
29,95	,, ,, + 50 ,, ,, ,, 200 ,,			5,2	Methylrot,
35,45	,, ,, + 50 ,, ,, ,, 200 ,,			5,4	Dibromokresol-
39,85	,, ,, + 50 ,, ,, ,, 200 ,,			5,6	sulfonphthalein
43,00	,, ,, + 50 ,, ,, ,, 200 ,,			5,8	
45,45	,, ,, + 50 ,, ,, ,, 200 ,,			6,0	
47,00	,, ,, + 50 ,, ,, ,, 200 ,,			6,2	

$^1/_5$ mol. Biphosphat + $^1/_5$ mol. NaOH bis 200 ccm (Clark und Lubs (5)).

Zusammensetzung				pH	Indicator
3,72	ccm NaOH + 50 ccm Phosphat			5,8	Methylrot,
5,70	,, ,, + 50 ,, ,,			6,0	Dibromokresol-
8,60	,, ,, + 50 ,, ,,			6,2	sulfonphthalein
12,60	,, ,, + 50 ,, ,,			6,4	Azolithmin
17,80	,, ,, + 50 ,, ,,			6,6	
23,65	,, ,, + 50 ,, ,,			6,8	
29,63	,, ,, + 50 ,, ,,			7,0	
35,00	,, ,, + 50 ,, ,,			7,2	Neutralrot,
39,50	,, ,, + 50 ,, ,,			7,4	Phenolsulfon-
42,80	,, ,, + 50 ,, ,,			7,6	phthalein
45,20	,, ,, + 50 ,, ,,			7,8	
46,80	,, ,, + 50 ,, ,,			8,0	

$^1/_5$ mol. Borsäure in $^1/_5$ mol. KCl $+$ $^1/_5$ mol. NaOH bis 200 ccm (Clark und Lubs (5)).

Zusammensetzung			pH	Indicator
2,61 ccm NaOH $+$ 50 ccm Borsäure			7,8	
3,97 ,, ,, $+$ 50 ,, ,,			8,0	
5,90 ,, ,, $+$ 50 ,, ,,			8,2	
8,50 ,, ,, $+$ 50 ,, ,,			8,4	
12,00 ,, ,, $+$ 50 ,, ,,			8,6	
16,30 ,, ,, $+$ 50 ,, ,,			8,8	Phenolphthalein,
21,30 ,, ,, $+$ 50 ,, ,,			9,0	Thymolsulfon-
26,70 ,, ,, $+$ 50 ,, ,,			9,2	phthalein
32,00 ,, ,, $+$ 50 ,, ,,			9,4	
36,85 ,, ,, $+$ 50 ,, ,,			9,6	
40,80 ,, ,, $+$ 50 ,, ,,			9,8	
43,90 ,, ,, $+$ 50 ,, ,,			10,0	Thymolphthalein

$^1/_5$ mol. Borsäure und $^1/_{20}$ mol. Borax (Palitzsch (4)).

Zusammensetzung			pH	Indicator
0,3 ccm Borax $+$ 9,7 ccm Borsäure			6,77	
0,6 ,, ,, $+$ 9,4 ,, ,,			7,09	
1,0 ,, ,, $+$ 9,0 ,, ,,			7,36	Neutralrot, Phenol-
1,5 ,, ,, $+$ 8,5 ,, ,,			7,60	sulfonphthalein
2,0 ,, ,, $+$ 8,0 ,, ,,			7,78	
2,5 ,, ,, $+$ 7,5 ,, ,,			7,94	
3,0 ,, ,, $+$ 7,0 ,, ,,			8,08	
3,5 ,, ,, $+$ 6,5 ,, ,,			8,20	
4,5 ,, ,, $+$ 5,5 ,, ,,			8,41	Phenolphthalein,
5,5 ,, ,, $+$ 4,5 ,, ,,			8,60	Thymolsulfon-
6,0 ,, ,, $+$ 4,0 ,, ,,			8,69	phthalein
7,0 ,, ,, $+$ 3,0 ,, ,,			8,84	
8,0 ,, ,, $+$ 2,0 ,, ,,			8,98	
9,0 ,, ,, $+$ 1,0 ,, ,,			9,11	
10,0 ,, ,, $+$ 0,0 ,, ,,			9,24	

0,05 mol. Borax und 0,1 mol. NaOH (Sörensen (2)).

Zusammensetzung			pH	Indicator
9 ccm Borax $+$ 1 ccm NaOH			9,36	
8 ,, ,, $+$ 2 ,, ,,			9,50	
7 ,, ,, $+$ 3 ,, ,,			9,68	Thymolphthalein
6 ,, ,, $+$ 4 ,, ,,			9,97	
5 ,, ,, $+$ 5 ,, ,,			11,07	
4 ,, ,, $+$ 6 ,, ,,			12,37	

0,1 mol. Na_2CO_3 und 0,1 mol. HCl (Kolthoff).

Zusammensetzung			pH	Indicator
20 ccm HCl $+$ 50 ccm Na_2CO_3			10,17	
15 ,, ,, $+$ 50 ,, ,,			10,32	Thymolphthalein
10 ,, ,, $+$ 50 ,, ,,			10,51	
5 ,, ,, $+$ 50 ,, ,,			10,86	Alizaringelb, Tro-
0 ,, ,, $+$ 50 ,, ,,			11,24	päolin 0, Nitramin

0,15 mol. Na_2HPO_4 und 0,1 mol. NaOH (Ringer (6)).

Zusammensetzung	p_H	Indicator
15 ccm NaOH + 50 ccm Na_2HPO_4	10,97	
25 „ „ + 50 „ „	11,29	Tropäolin 0
50 „ „ + 50 „ „	11,77	Alizaringelb
75 „ „ + 50 „ „	12,06	Nitramin.

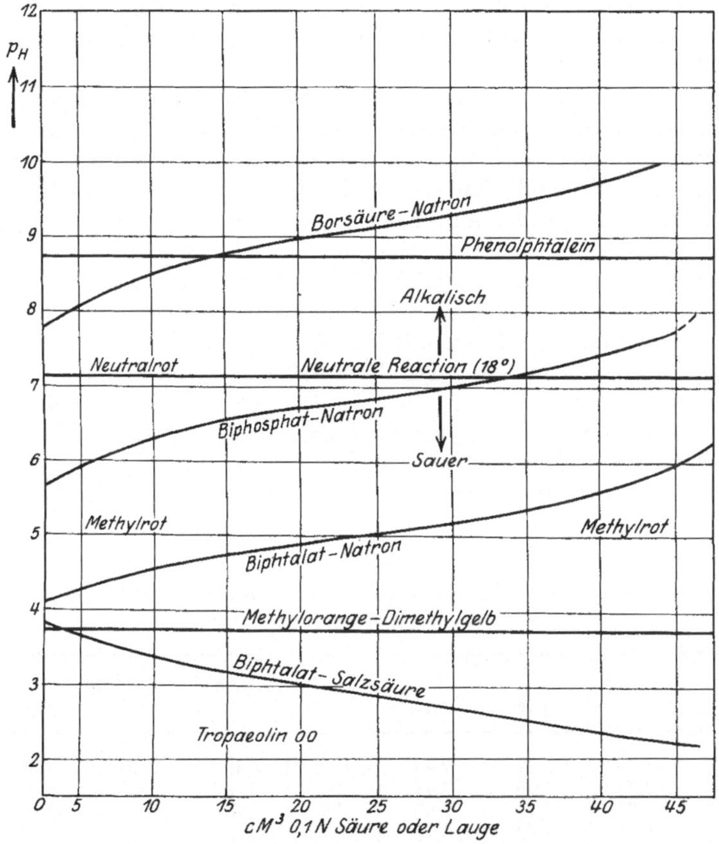

Abb. 5.

Gebraucht man Gemische mit noch höherem p_H, so kann man
am bequemsten 0,1 oder 1,0 n-NaOH mit carbonatfreiem Wasser

entsprechend verdünnen. Aus dem Dissoziationsgrade läßt sich [OH′] und [H˙] und p_H berechnen. Die Lösungen nach Clark und Lubs von Biphthalat mit Salzsäure oder Natronlauge werden gewöhnlich durch Mischung von $^1/_5$ n-Lösungen bereitet. Da aber gewöhnlich keine $^1/_5$ n-HCl oder NaOH vorrätig ist, so kann man auch die entsprechende Menge 0,1 n-Lösung nehmen. Ich habe verschiedene Gemische nach Clark und Lubs nachkontrolliert und mit der Wasserstoffelektrode nie größere Differenzen als 0,05 im p_H ausgedrückt gefunden. Auch kann man natürlich 0,1 molar Lösungen nehmen und statt bis zu 200 ccm zu 100 ccm anfüllen.

Die angeführten Verfasser haben ihre [H˙]-Bestimmungen mit der Wasserstoffelektrode bei 18° oder 25° vorgenommen. Bei diesen Gemischen ändert sich p_H nur wenig mit der Temperatur. Nicht empfehlenswert sind dahingegen Gemische von Ammoniak und Ammoniumchlorid, deren p_H nach Hildebrand (9) und Blum (10) stark von der Temperatur abhängig ist.

Walbum (11) hat kürzlich die p_H-Änderungen zwischen 10° und 70° bestimmt für Glykokoll und Natron, Citrat mit Natron, Borax mit Natron, Borax mit Salzsäure in den von Sörensen angegebenen Mischungen. Die Veränderungen von p_H sind ganz regelmäßig, so daß man zwischen 10 und 70° einfach interpolieren kann. Da die Systeme Glykokoll-Natron und Citrat-Natron durch die einfacheren Lösungen nach Clark und Lubs verdrängt sind, werden hier nur die Werte für Borax-HCl und Borax-NaOH angeführt.

Veränderung der Wasserstoffexponenten zwischen 10 bis 70° nach Walbum.

Borax-Salzsäure		p_H		Borax-Natron		p_H	
		10°	70°			10°	70°
5,25	4,75	7,64	7,47	10,0	0,0	9,30	8,86
5,5	4,5	7,96	7,76	9,0	1,0	9,42	8,94
5,75	4,25	8,17	7,95	8,0	2,0	9,57	9,02
6,0	4,0	8,32	8,08	7,0	3,0	9,76	9,12
7,0	3,0	8,72	8,40	6,0	4,0	10,06	9,28
8,0	2,0	8,96	8,59	5,0	5,0	11,24	9,98
9,0	1,0	9,14	8,74	4,0	6,0	12,64	10,72
9,5	0,5	9,22	8,80				
10,0	0,0	9,30	8,86				

Die beiden letztgenannten Lösungen kommen als Puffergemische kaum in Frage. Bei den gut brauchbaren Lösungen beträgt die Differenz in den p_H-Werten für je 10^0 Temperaturänderung höchstens 0,1. Bei Zimmertemperatur braucht man also im allgemeinen den Temperatureinfluß nicht zu berücksichtigen. Die Schwankungen des Wasserstoffexponenten mit der Temperatur sind nach Walbum bei dem Gemisch Citrat-NaOH besonders gering.

3. Ausführung der Bestimmung. Zunächst muß man sich über den zweckmäßigsten Indicator im Klaren sein. Man untersucht daher zunächst die Reaktion auf verschiedene Indicatorpapiere, wie Kongo-, Lackmus- oder Phenolphthaleinpapiere, oder man versetzt kleine Flüssigkeitsmengen mit den verschiedenen Indicatoren. Findet man nun etwa, daß eine Flüssigkeit sauer gegen Phenolphthalein und schwach alkalisch gegen Lackmus reagiert, so muß ihr p_H in der Nähe von 7—8 liegen. Zur Bestimmung wird sich dann wahrscheinlich Neutralrot am besten eignen. Hierzu passend wählt man dann die Vergleichslösungen. Zu der eigentlichen Bestimmung nimmt man gewöhnliche farblose Reagensgläser, am liebsten von Jena oder Köln-Ehrenfeld, oder Pyrexglas, von möglichst gleichem Durchmesser.

Zu je 10 ccm der Lösung gibt man etwas von dem Indicator, etwa einen Tropfen der im 2. Kapitel angegebenen Konzentration, und behandelt die Vergleichslösungen genau gleichartig. Um die Farben der Lösungen miteinander zu vergleichen, benutzt man am besten Reagensglasgestelle, in denen die Gläschen schräg mit einem Winkel von 35—40^0 zur Vertikale gegen einen weißen Hintergrund, von Milchglasscheinen oder Papier stehen. Die Farben lassen sich nun auf zweierlei Arten beurteilen. Einmal kann man durch die Röhrchen gegen den hellen Hintergrund betrachten. Andererseits kann man auch durch das um etwa 35—40^0 gedrehte Gestell von unten nach oben sehen. Man muß stets so viel Vergleichslösungen bereitstellen, daß die Farbe der zu untersuchenden Flüssigkeit nicht außerhalb der Reihe fällt, sondern stets zwischen zwei der Vergleichslösungen. Weiter müssen die Vergleichslösungen und die zu untersuchende Lösung mit gleichen Mengen (genau abzumessen) desselben Indicators versetzt sein. Bei einfarbigen Indicatoren ist die Konzentration von sehr großer Bedeutung. Bei zweifarbigen spielt sie keine so

große Rolle, da man ja das Verhältnis zwischen der sauren und
der alkalischen Form beurteilt. Es ist aber auch hier zweckmäßig,
den Indicator nicht mit dem Tropfglas, sondern aus einer kleinen
Pipette zuzugeben. So wurden Differenzen zwischen verschiedenen
colorimetrischen Bestimmungen mit Phenolphthalein darauf zu-
rückgeführt, daß der Indicator aus einer Tropfflasche zugesetzt
wurde. Auch für Thymolphthalein, p-Nitrophenol und Nitramin
u. a. gilt das gleiche.

Weiter ist es wichtig, daß die zu untersuchende Flüssigkeit
und die Vergleichslösungen gleichzeitig mit dem Indicator versetzt
werden und nach kurzem Stehen beobachtet werden. Bei verschiedenen Indicatoren nimmt die Farbenintensität beim längeren
Stehen ab. So ist Methylviolett in 0,1 n-HCl grün. Nach 15 Minuten
ist die Farbe deutlich abgeschwächt und nach einer Stunde gänz-
lich verschwunden. Daher ist es zweckmäßig, schnell nach dem
Zusatz des Indicators zu beobachten und zu vergleichen. Günstig
ist hierbei wiederum, daß die Zersetzungsgeschwindigkeit des
Indicators von der Wasserstoffionenkonzentration abhängt, so
daß also die Entfärbung der zu vergleichenden Lösungen in gleichem
Sinne vor sich geht. Auch bei den im Wasser schwer löslichen
Indicatoren muß man die Farbe schnell beobachten, weil die
Möglichkeit vorliegt, daß ein Überschuß eines solchen Indicators
zunächst in kolloidaler Lösung bleibt, aber bald ausgeflockt wird.
Dazu kommt, daß beim Ausflocken auch ein Teil der gelösten
Form adsorbiert werden kann, so daß die Färbung unbestimmt
wird. Gibt man z. B. zu 10 ccm einer primären Phosphatlösung
einen Tropfen 0,1%iges Dimethylgelb und beobachtet sofort
und nach 15 Minuten, so kann man deutlich sehen, daß beim
Stehen die Farbe erheblich verblaßt ist, da der größte Teil des
Indicators ausgeflockt ist. In dieser Weise verhalten sich besonders die wasserunlöslichen Azofarbstoffe. Sind sie aber wasser-
löslich, wie Methylorange und Tropäolin, so bleibt die Farbe für
mehrere Tage konstant. Es ist aber doch nicht ratsam, die mit
den Indicatoren versetzten Vergleichslösungen auf Vorrat anzu-
fertigen, weil bei den allermeisten Indicatoren die Färbung mit
der Zeit sich doch ändert (z. B. durch das Tageslicht). Bei manchen
Indicatoren ist die Färbung der alkalischen Lösung unbeständig.
Phenolphthalein und Thymolphthalein werden in alkalischer
Lösung allmählich in die farblose Carbonsäure übergehen. Auch
die rotbraune Färbung des so sehr säureempfindlichen Nitramins

geht beim Stehen in stark alkalischen Lösungen wieder in farblos zurück.

Im allgemeinen geben die Indicatoren mit einem kleinen Intervall die besten Resultate bei der colorimetrischen Bestimmung. Hier sind die Farbenumschläge bei geringen Veränderungen der Wasserstoffionenkonzentration viel schärfer, als wenn das Umschlagsgebiet ausgedehnter ist. Obgleich man bei der Anwendung von Indicatoren mit einem großen Umschlagsgebiete natürlich nur eine geringe Reihe von Indicatoren vorrätig zu haben braucht, um die Messung von jedem p_H vorzunehmen, ist es doch besser, nur die Indicatoren mit kleinem Intervall zu verwenden. Die Gesamtzahl der Indicatoren, die nötig sind, um bei jedem in Frage kommendem p_H Bestimmungen auszuführen, wird freilich größer; aber zu gleicher Zeit wächst die Genauigkeit der Einzelbestimmung. So hat Lackmus oder Azolithmin ein Umschlagsgebiet von etwa 5—8, und Neutralrot und Phenolrot von 6,8—8,0. Beide Indicatoren kann man also bei p_H-Werten zwischen 6,8 und 8,0 verwenden, aber bei Neutralrot und Phenolrot ist der Umschlag viel deutlicher. Im allgemeinen beträgt die Genauigkeit einer colorimetrischen Bestimmung 0,1 im p_H. Bei sehr subtilen Arbeiten kann man unter Benutzung von Vergleichslösungen, die nur um 0,1 im p_H voneinander abweichen, und mit geeigneten Indicatoren bis zu 0,05 p_H erkennen. Eine noch größere Genauigkeit läßt sich wohl kaum erzielen, da u. a. auch die in den Lösungen vorhandenen Elektrolyten die Färbungen etwas beeinflussen. Wie aus der Abb. 3 im 2. Kapitel (S. 27) ersichtlich, ist die absolute Farbenänderung eines Indicators bei geringen Veränderungen der Wasserstoffionenkonzentration am größten, bei dem p_H annähernd gleich p_{HJ} ist. Bei colorimetrischen Bestimmungen wird also derjenige Indicator die genaueste p_H geben, wenn p_H der Lösung etwa seinem p_{HJ} gleichkommt, d. h. das gesuchte p_H muß ungefähr in der Mitte des Umschlagsgebietes des Indicators liegen. Liegt das gesuchte p_H mehr an den Endpunkten des Umschlagsintervalls, so wird die Farbe im allgemeinen minder scharf zu vergleichen sein. Dies gilt besonders für die zweifarbigen Indicatoren, da man ja bei den einfarbigen Indicatoren keine Verhältnisse beurteilt, sondern nur die absolute Menge einer einzigen Form.

4. Messung ohne Puffergemische. Gillespie (11) hat eine Vereinfachung des colorimetrischen Verfahrens vorgeschlagen, da

er die Puffergemische vermeidet und einfach zwei Reagensgläser
von gleichem Durchmesser benützt, in deren eines man eine bestimmte Zahl Tropfen des rein sauren Indicators gibt, während das
andere Glas mit so viel von der alkalischen Form desselben Indicators beschickt wird, daß die Gesamtzahl 10 Tropfen beträgt.
In dieser Weise stellt man eine Reihe von Vergleichsfarben her.
Den zu untersuchenden Stoff versetzt man dann gleichfalls mit
10 Tropfen des gleichen Indicators und vergleicht dessen Farbe
in der Durchsicht mit der der beiden anderen Gläser, welche hinter-
einander gehalten werden. Um einen guten optischen Effekt zu
erzielen, ist es zweckmäßig, hinter die zu untersuchende Lösung
eine Röhre mit dem gleichen Volumen Wasser aufzustellen.
Ich halte es aber für zweckmäßiger, an Stelle der Probierröhrchen
kleine Zylinderchen oder Küvetten zu benutzen, die man auf-
einander stellen kann. Das Prinzip des Verfahrens ist sehr einfach.
Jede Mischfarbe zwischen der sauren und der alkalischen Form
entspricht einem gewissen p_H. Durch eine Änderung der Tropfen-
zahl in den beiden Röhrchen kann man das gesamte Umschlagsgebiet des Indicators durchlaufen. So entspricht z. B. bei Methylrot

1 Tropfen alkalisch und 9 Tropfen sauer einem $p_H = 4{,}05$
5   ,,   ,,   ,, 5   ,,   ,,   ,, $p_H = 5{,}0$
9   ,,   ,,   ,, 1   ,,   ,,   ,, $p_H = 5{,}95$

Das Prinzip der Methode hat bereits Bjerrum benützt, um
die Dissoziationskonstante eines Indicators zu bestimmen. Ebenso
benutzte ich es (12), um auf einfachem Wege den Wasserstoffexponenten von Trinkwasser mit Neutralrot als Indicator zu
bestimmen (12). Ich nahm hierfür zwei gut verschließbare, mit
Kanadabalsam aneinander gekittete Keile. Die eine derselben
wurde mit einer Lösung von 0,5 : 100000 Neutralrot in 0,1 n-
Essigsäure gefüllt, in die andere tat ich eine Lösung des Indicators
1 : 100000 in etwa 0,1 n-NH_3 mit 50 °/₀ Glycerin, dessen Zusatz
nötig ist, um zu verhindern, daß der Indicator allmählich aus-
flockt. An der einen Seite dieses einfachen Apparates ist eine
Skala angebracht und eine Blende, die es gestattet, den Inhalt
an einer kleinen Strecke scharf zu beobachten. Die zu untersuchende Flüssigkeit wird in einen Zylinder mit flachem Boden
oder in eine Küvette gegossen und mit so viel Indicator versetzt,
daß die Farbentiefe bei der Durchsicht gleich der im geschilderten

Apparate ist. Die Farben werden gegen einen weißen Hintergrund beurteilt.

Man verschiebt nun die Blende so lange, bis die beobachtete Farbe im Gläschen mit der des Gesichtsfeldes übereinstimmt. Wenn nun die Skala vorher mit Pufferlösungen von bekannten Wasserstoffexponenten geeicht ist, so kann man direkt den Wert für p_H ablesen. Dieser Apparat ist sehr gut brauchbar, um bei der Wasseruntersuchung gleich an Ort und Stelle den Wert für p_H festzustellen, da man nicht viel andere Instrumente dazu gebraucht. Es bedarf keiner langen Auseinandersetzung, daß das Instrument sich leicht auch für andere Indicatoren, wie Methylrot, Methylorange u. dgl. einrichten läßt, um dann z. B. gute Dienste zu tun bei der Schnelluntersuchung von physiologischen Flüssigkeiten, wie Harn u. dgl. Nur Phthaleine kann man nicht verwenden, weil ihre alkalischen Lösungen nicht haltbar sind.

Michaelis und Gyemant haben eine Methode ausgearbeitet, nach welcher man mit einfarbigen Indicatoren die Wasserstoffzahl ohne Puffermischungen bestimmen kann. Das Prinzip ist sehr einfach. Wenn wir wieder von einer Indicatorsäure HJ, welche die gefärbten J-ionen liefert, ausgehen, so wissen wir, daß

$$[H^{\cdot}] = \frac{[HJ]}{[J']} \cdot K_{HJ}.$$

Die J-ionen bestimmen nur den Farbgrad F der Lösung. Wenn letzterer bestimmt ist, so ist auch $[HJ] = [1 - F]$ bekannt, wenn nämlich eine bekannte Menge Indicator zu der Flüssigkeit gefügt ist. Die Ableitung von p_H geschieht dann nach folgender Gleichung:

$$p_H = p_{HJ} + \varphi.$$
$$\varphi = \log \frac{F}{1 - F}.$$

Auf S. 204 ihrer Abhandlung[1]) geben die Verfasser eine Tabelle, welche die Abhängigkeit von φ des Farbgrades F angibt.

Die verwendeten Indicatoren sind folgende:

a) β-Dinitrophenol (1 : 2 : 6), gesättigte wäßrige Lösung. Diese Lösung wird zunächst warm gesättigt und am nächsten Tag von den abgeschiedenen Krystallen abfiltriert.

---

[1]) Biochem. Zeitschr. 109, 165—210 (1920).

b) α-Dinitrophenol (1 : 2 : 4). Gesättigte wäßrige Lösung.

c) p-Nitrophenol; 0,1%ige wäßrige Lösung.

d) m-Nitrophenol; 0,3%ige wäßrige Lösung.

e) Phenolphthalein; 0,04% in 30% Alkohol.

f) Salicylgelb („Alizaringelb G.G."). Eine gesättigte alkoholische Lösung, so lange (ungefähr zehnfach) mit 50%igem Alkohol verdünnt, bis ein Pröbchen davon mit der zehnfachen Menge $n/_{10}$ NaOH versetzt ungefähr die gleiche Farbtiefe hat wie ein 30fach verdünnter offizineller Liquor ferri sesquichlor. (Man beachte, daß die Kontrollen bei diesem Farbstoff nicht mit 0,01, sondern mindestens mit 0,1 n-NaOH gemacht werden müssen.)

Die für den eigentlichen Versuch angewendeten Reagensgläschen müssen genau gleichen Durchmesser haben.

Eine abgemessene Menge der zu untersuchenden Lösung, z. B. 5 oder 10 ccm, werden aus einer Pipette mit so viel der geeigneten Indicatorlösung versetzt, daß eine ganz schwache Färbung entsteht. Die Menge Indicatorlösung kann, wenn nötig, bis zu 1 ccm betragen, im allgemeinen ist es besser, nur bis zu 0,5 oder 0,1 ccm zu gehen. Die verwandte Menge muß genau abgelesen werden.

Von den Indicatoren muß man denjenigen nehmen, welcher der Bedingung genügt, daß er in einer Menge von 0,2 bis höchstens 1 ccm eine zwar schon deutliche, aber nicht zu intensive Färbung erzeugt. Nunmehr füllt man in ein zweites Reagensglas 4 bezw. 9 ccm einer ungefähr $n/_{100}$ NaOH. Nun gibt man von dem gleichen Indicator so viel zu, daß die Farbe zunächst angenähert gleich der im ersten Röhrchen wird. In der Regel wird man hierzu eine passende, z. B. zehnfache Verdünnung der Indicatorstammlösung anwenden müssen. Dann füllt man mit etwa $n/_{100}$ Lauge zu dem Gesamtvolumen des ersten Röhrchens auf. Durch Ausprobieren ändert man die Farbstoffmenge so lange, bis die beiden Röhrchen dieselbe Farbestärke haben. Das Verhältnis der Indicatormenge in der farbgleichen Lauge und der zu untersuchenden Lösung ist der Farbgrad F.

Die Berechnung geschieht wie gesagt nach der Gleichung:

$$p_H = p_{HJ} + \varphi.$$

Folgende Tabelle gibt p_{HJ} der Indicatoren bei verschiedenen Temperaturen.

Tabelle nach Michaelis und Gyemant.

Temperatur	Dinitrophenol 1 : 2 : 6	Dinitrophenol 1 : 2 : 4	p-Nitro-phenol	m-Nitro-phenol
5°	3,76	4,13	7,33	8,49
10°	3,74	4,11	7,27	8,43
15°	3,71	4,08	7,22	8,38
18°	3,69	4,06	7,18	8,35
20°	3,68	4,05	7,16	8,32
30°	3,62	3,99	7,04	8,21
40°	3,56	3,93	6,93	8,09
50°	3,51	3,88	6,81	7,99

Bei Anwesenheit von Salz hat man nach Michaelis und Gyemant folgende Korrektionswerte zu addieren:

Tabelle.

	0,5 mol. Salzgehalt	0,15 n-Salzgehalt (physiol. Salzlösung)
β-Dinitrophenol	0,30	0,12
α-Dinitrophenol	0,20	0,10
p-Nitrophenol	0,05	0,0
m-Nitrophenol	0,05	0,0
Phenolphthalein	0,20	0,08

Bei Phenolphthalein und Salicylgelb kann man bei der Berechnung von p_H aus F obengenannte Gleichung nicht anwenden, weil diese Indicatoren mehrbasische Säuren sind. Daher geben Michaelis und Gyemant besondere Tabellen für beide Indicatoren (S. 206 ihrer Abhandl.). Schon vor dem Erscheinen der Abhandlung von Michaelis und Gyemant hatte ich eine ähnliche Methode ausgearbeitet, aber auch ausgedehnt auf die zweifarbigen Indicatoren. Bekanntlich entspricht jede Zwischenfarbe eines der letzteren Indicatoren einem bestimmten p_H. Wenn man nun Flüssigkeiten vorrätig hält, welche dieselbe Farbe haben, wie der Indicator in seinem Umschlagsgebiete, so kann man mit Hilfe dieser Flüssigkeiten ohne Schwierigkeiten p_H bestimmen. Weil die meisten organischen Farbstoffe lichtempfindlich sind, so muß man zur Erhaltung von haltbaren Vergleichslösungen Mischungen von gefärbten anorganischen Salzen nehmen. Für die Indicatoren Neutralrot, Methylorange, Tropäolin 00 und für die alkalischen Zwischenfarben von Methylrot sind Mischungen von Ferrichlorid und Kobaltnitrat oder -chlorid sehr gut brauchbar. Die zu verwendende Ferrichloridlösung (Fe) enthält 11,262 g $FeCl_3 \, 6 \, H_2O$ auf 250 ccm 1% Salzsäure. Die Kobaltlösung (Co) enthält 18,2 g krystallisiertes Kobaltnitrat, ferner auf 250 ccm 1% Salzsäure.

Bei der Bestimmung mit Neutralrot, Methylrot und Methylorange fügt man zu 10 ccm Flüssigkeit 0,2 ccm $0,05\%$ige Indicatorlösung, bei Verwendung von Tropäolin 00 nimmt man 0,2 ccm $0,1\%$ige.

Tabelle nach Kolthoff.

Ferrichlorid (Fe) — Kobaltnitrat (Co) — Mischungen, deren Farbe dem angegebenen p_H entspricht.

Verhältnis Fe : Co	p_H			
	Neutralrot	Methylrot	Methylorange	Tropäolin 00
0	—	5,19	3,05	1,98
0,1	6,98	—	3,22	—
0,3	7,12	5,29	3,52	2,13
0,5	7,24	5,50	3,72	2,22
0,75	7,37	5,57	3,92	2,29
1,0	7,60	5,62	4,00	2,31
1,5	7,80	5,70	4,19	2,41
2,0	7,93	5,75	4,30	2,46
3,0	—	5,81	4,50	2,52

Auf Einzelheiten, auch für die Verwendung von einfarbigen Indicatoren ohne Puffergemische, kann hier nicht weiter eingegangen werden.

Für die Bestimmungen des p_H in sehr kleinen Flüssigkeitsmengen mit Indicatorpapieren vgl. Kap. 6, S. 117.

5. Gefärbte Lösungen. Wenn die zu untersuchende Flüssigkeit gefärbt ist, muß man die Vergleichslösung mit irgend einem Indicator möglichst auf dieselbe Färbung einstellen. Man kann hierfür natürlich auch Indicatoren gebrauchen, wenn letztere nur nicht bei dem zu erwartenden p_H gerade teilweise umgesetzt sind. Hat man z. B. eine gelbbraune Flüssigkeit mit einem $p_H = 7$, so kann man die Vergleichslösung unbedenklich mit Methylorange auf die gleiche Schattierung bringen. Sörensen (2) hat eine Reihe von häufig verwendbaren Farbstoffen angegeben:

a) Bismarckbraun 0,2 g im Liter Wasser.

b) Helianthin 0,1 g in 800 ccm Alkohol und 200 ccm Wasser, ebensogut zu ersetzen durch Methylorange 0,1 g im Liter Wasser.

c) Tropäolin 0 0,2 g im Liter Wasser.

d) Tropäolin 00 0,2 g im Liter Wasser.

e) Curcumein 0,2 g in 600 ccm 93%igem Alkohol und 400 ccm Wasser.

f) Methylviolett 0,2 g im Liter Wasser.

Weiter haben sich als recht brauchbar erwiesen:

g) Methylenblau 0,1 g im Liter Wasser, und

h) Safranin 0,1 g im Liter Wasser.

Ist die zu untersuchende Lösung trübe, so wird man auch die Vergleichslösung auf denselben Trübungsgrad bringen, nach Sörensen, indem man sich eine Aufschwemmung von frischem Bariumsulfat bereitet, durch Versetzung einer kleinen Menge 0,1 n-Bariumchlorid mit der gleichen Menge Kaliumsulfat. Ebensogut kann man eine reine Aufschwemmung von Talk oder Bolus gebrauchen, wenn diese Stoffe zuvor mit Säure ausgekocht und dann so lange mit Wasser umgeschüttelt und ausgewaschen sind, bis das Filtrat auf Methylrot nicht mehr sauer reagiert.

Henderson (14) verdünnt stark gefärbte Lösungen so weit, bis ihn die Farbe nicht mehr stört. Obgleich in Puffergemischen die Wasserstoffionenkonzentration nur wenig von der Gesamtkonzentration des Elektrolyten abhängt, so ändert sich doch bei großer Verdünnung der Dissoziationsgrad. Das Verfahren kann daher nur empfohlen werden, wenn die verlangte Genauigkeit nicht allzu groß ist.

Selbstverständlich sind colorimetrische Bestimmungen von p_H in gefärbten oder trüben Lösungen nicht sehr scharf. Man verwendet zweckmäßig bei solchen Bestimmungen Indicatoren, deren Farbe nicht mit derselben der Flüssigkeit übereinstimmt. So muß man z. B. bei gelben Lösungen Phenolsulfonphthalein und kein p-Nitrophenol verwenden.

Manchmal läßt sich vorteilhaft der Kunstgriff anwenden, daß man die eine Form des Indicators mit Äther oder dgl. ausschüttelt. Die Menge der auszuschüttelnden Form hängt außer von den Teilungskoeffizienten ab von der Wasserstoffionenkonzentration, so daß sich die Farbentiefe der Ätherschicht vergleichen läßt mit der auf analoge Weise aus Vergleichslösungen erhaltenen Ätherschicht. Jodeosin ist hierfür ein sehr geeigneter Indicator, da dessen gefärbte Form gut ätherlöslich ist. Weitere Untersuchungen müssen zeigen, ob es möglich ist, eine so vollständige Reihe von Indicatoren aufzustellen, so daß man nach diesem Verfahren jedes p_H mit genügender Genauigkeit bestimmen kann. Es ist nämlich selbstverständlich, daß das Umschlagsgebiet eines Indicators durch den Zusatz des Ausschüttelstoffes verändert wird.

Walpole (14) hat für gefärbte oder sehr trübe Flüssigkeiten einen sehr hübschen Kunstgriff angegeben, der aus nachstehender Abbildung 6 klar wird.

A.B.C.D. sind kurze Glaszylinder mit flachen Böden, die in Hülsen von schwarzem Papier über einem hellerleuchteten Unter-

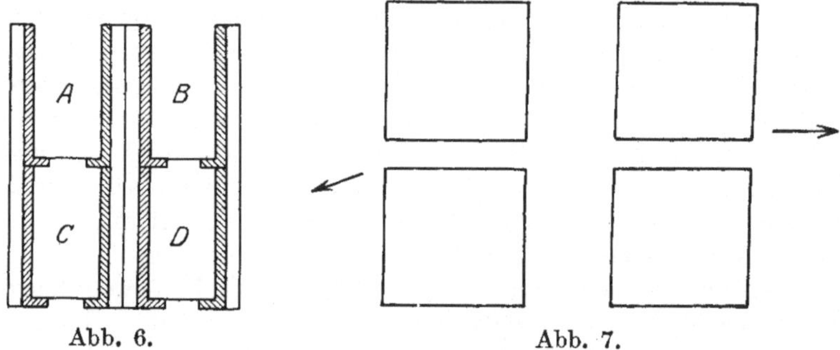

Abb. 6. Abb. 7.

grund stehen. A. enthält 10 ccm der zu untersuchenden Lösung mit dem Indicator. C. enthält 10 ccm Wasser. D. enthält 10 ccm der zu untersuchenden Lösung ohne Indicator. B. endlich enthält 10 ccm der Vergleichsflüssigkeit mit Indicator. Hierbei wird also die Eigenfarbe der Lösung ausgeschaltet. Abb. 7 gibt die Anordnung nach Clark und Lubs (5) und ist ohne weitere Erläuterung verständlich.

6. Fehlerquellen bei der colorimetrischen Bestimmung. a) Lösungen von sehr schwachen Säuren oder Basen oder geringer Mengen von starken Elektrolyten. Friedenthal (15), Salm (16) und Sörensen (2) behaupten, daß man eine Lösung auf die Anwesenheit von genügend Elektrolyten untersuchen muß, ehe man colorimetrisch bestimmt. Nach ihnen kann in Nicht-Puffergemischen der saure oder basische Charakter des Indicators eine Rolle spielen und so den Wert für p_H beeinflussen. Nach ihnen kann man also die p_H-Werte in reinem Wasser oder in reinen Salzlösungen starker Säuren oder Basen nicht auf diesem Wege bestimmen. Mit dieser Ansicht stimme ich nicht ganz überein. Die Abweichung hängt nur von dem benutzten Indicator ab. Nehmen wir einmal an, daß für die Untersuchung von ganz reinem Wasser ein saurer Indicator [HJ] gebraucht wird mit einer Dissoziationskonstante gleich 10^{-8}, so haben wir

$$HJ \leftrightarrows [H^\cdot] + [J'],$$

und berücksichtigen wir das folgende Gleichgewicht

$$H_2O \leftrightarrows [H^\cdot] + [OH'],$$

so erhalten wir die Gleichung

$$[J'] = [H^\cdot] - [OH'],$$

da die Flüssigkeit elektrisch neutral reagiert. Aus der Gleichung für die Dissoziationskonstante von Säuren folgt dann, daß

$$\frac{[H^\cdot]\,\{[H^\cdot] - [OH']\}}{[HJ]} = K_{HJ},$$

oder
$$[H^\cdot]^2 = K_{HJ} \times [HJ] + K_{H_2O}.$$

Die Konzentration eines Farbenindicators beträgt gewöhnlich 5—10 Tropfen $1\,^0/_{00}$ iger Lösung auf 100 ccm, entsprechend einer Konzentration von $HJ =$ etwa 10^{-6} Molar. Wenn wir diesen Wert in obenstehende Gleichung eintragen, finden wir

$$[H^\cdot]^2 = 10^{-8} \times 10^{-6} + 10^{-14} = 2 \times 10^{-14}$$
$$[H^\cdot] = 1{,}4 \times 10^{-7}.$$

In diesem ungünstigen Fall wird also der Wert für $[H^\cdot]$ von reinem Wasser 1,4mal größer. Nun sind aber die halbempfindlichen Indicatoren gewöhnlich Ampholyte, deren Dissoziationskonstante kleiner als 10^{-8} ist. Also wird die Abweichung hier dann auch viel geringer.

Anders liegt die Sache, wenn wir zu einer sehr verdünnten Laugenlösung Phenolphthalein geben, oder zu einer sehr verdünnten sauren Lösung einer starken Säure viel Methylorange, weil diese Körper verhältnismäßig viel [OH'] oder [H^\cdot] binden. Die colorimetrisch bestimmte Farbe stimmt nicht genau mit jener der ursprünglich vorhandenen Wasserstoffionenkonzentration überein; man findet so einen zu kleinen Wert. Man muß also in diesem Falle nur wenig Indicator anwenden und eine Korrektion anbringen.

7. Der Einfluß von neutralen Salzen. Aus den Untersuchungen von Sörensen (2), Sörensen und Palitzsch (17), Bohdan von Szyskowski (18) und Kolthoff (19) folgt, daß neutrale Salze die Farbe des Indicators beeinflussen können, und zwar wird die Farbe der sauren Indicatoren nach der alkalischen Seite, die der alkalischen Indicatoren hingegen nach der sauren Seite verschoben. Nach den neuesten Untersuchungen erklärt sich dieses dadurch, daß die neutralen Salze die Dissoziationskonstante der schwachen Säuren und Basen vergrößern.

Um einen Einblick zu geben von der Größe des Fehlers, führe ich die nachstehenden Beobachtungen von Sörensen (2) an; er untersuchte 3 Lösungen von 0,1 n-Salzsäure. A war rein, B enthielt 0,1 n-KCl und C 0,3 n-KCl.

	p_H in A	B	C
berechnet	2,02	2,04	2,06
elektrometrisch	2,01	2,01	2,05
colorimetrisch mit Methylviolett . . .	2,22	2,04	1,91
,, ,, Mauvein . . .	2,22	2,04	1,91
,, ,, Methylgrün . . .	2,28	2,05	1,89
,, ,, Methanylgelb extra.	1,99	2,04	2,04

Bei der Bestimmung von p_H in Seewasser haben Sörensen und Palitzsch vergleichende Versuche ausgeführt, einmal colorimetrisch, andererseits mit einer Wasserstoffelektrode. Sie fanden dabei, daß für die colorimetrische Methode folgende Korrekturen nötig sind:

a) p-Nitrophenol: Vergleichslösung Phosphatgemisch.

$$35^0/_{00} \text{ Salz } . . . -0,12$$
$$20^0/_{00} \text{ ,, } . . . -0,08$$

b) Neutralrot: Vergleichslösung Phosphatgemisch.

$$35^0/_{00} \text{ Salz } . . . +0,10$$
$$20^0/_{00} \text{ ,, } . . . +0,05$$

c) α-Naphtholphthalein: Vergleichslösung Phosphatgemisch.

$$35^0/_{00} \text{ Salz } . . . -0,16$$
$$20^0/_{00} \text{ ,, } . . . -0,11$$

d) Phenolphthalein: Vergleichslösung Boraxgemisch.

$$35\,^0/_{00} \text{ Salz } . \; . \; . -0{,}21$$
$$20\,^0/_{00} \; \text{ ,, } \; . \; . \; . -0{,}16$$

Die angeführten Zahlen geben die nötigen Korrekturen. Hat man z. B. in einer Lösung mit $35\,^0/_{00}$ Salz mit Hilfe von Phenolphthalein $p_H = 8{,}4$ gefunden, so beträgt der wirkliche Wert 8,19. Aus meinen Versuchen geht hervor, daß der Salzfehler proportional der Menge des Salzes ist. Ganz allgemein kann man die Korrektur unbedenklich fortlassen, solange die Konzentration nicht über 0,2 n steigt. Nur bei den sehr alkaliempfindlichen Indicatoren, wie Methylviolett, Mauvein und Methylgrün muß man die Korrektur stets anbringen.

Mc Clendon (21) bestimmte den Salzfehler in Gemischen von Borsäure und Borax mit einer gesamten Salzkonzentration von höchstens 0,6 n für die Indicatoren o-Kresolsulfophthalein und α-Naphtholphthalein. Wenn die Salzkonzentration auf 0,5 n steigt, muß man für den gefundenen Wert eine Korrektur anbringen in Höhe von $-0{,}05$; steigt die Konzentration der Salze auf 0,6 n, so muß die Korrektur $-0{,}10$ betragen.

Für Phenolsulfonphthalein fand ich (12) den Salzfehler gerade bei kleineren Salzkonzentrationen ziemlich groß. Dahingegen nahmen Brightman, Beachem und Acree (22) wahr, daß die Farbe wenig abhing von der Salzkonzentration, wenn letztere unter 0,05 n war. Wells (23) untersuchte den Salzeinfluß auf Kresolsulfophthaleine; aus seiner Untersuchung ergibt sich, daß der Fehler hier ziemlich groß werden kann. Dahingegen ergab sich aus eigenen, noch nicht veröffentlichten Versuchen, daß der Salzfehler von Dibromkresolsulfophthalein vernachlässigbar klein ist. Für Thymolsulfophthalein ist der Fehler zwischen $p_H = 8{,}0$ bis 9,8 ebenso groß wie für Phenolphthalein, zwischen $p_H = 1{,}2$ bis 2,8 ist er sehr gering.

Dahingegen ist der Salzfehler von Tetrabromphenolsulfophthalein gerade bei kleinen Salzkonzentrationen sehr groß. So wurden sehr verdünnte, genau hergestellte Salzsäurelösungen verglichen mit Biphthalat-Salzsäure-Gemischen. 0,0004 n-Salzsäure $(p_H = 3{,}4)$ hatte mit dem Indicator dieselbe Farbe wie eine Puffermischung von $p_H = 3{,}0{-}3{,}1$; also einer Wasserstoffionenkonzentration ungefähr von 0,001 n entsprechend! Fügte man zu der Salzsäurelösung so viel Natriumchlorid, daß dessen Konzentration 0,05 n entsprach, so wurde bei Vergleichung der richtige Wert von p_H gefunden, also von 3,4. War die Salzkonzentration 0,2 n, so entsprach die Farbe einem p_H von 3,6, bei Anwesenheit von 0,5 n-Salz einem p_H von 3,8.

Mit Essigsäure wurden analoge Resultate wie mit Salzsäure erhalten. Man soll also bei der Verwendung von Tetrabromphenolsulfophthalein sehr darauf achten, daß die Salzkonzentration in der zu untersuchenden und Vergleichslösung dieselbe ist.

8. Der Einfluß von Eiweißstoffen und ihren Abbauprodukten. Auch hier war es Sörensen (2), der uns gezeigt hat, daß die eben genannten Stoffe in vielen Fällen die colorimetrische Bestimmung von p_H erschweren oder sogar unmöglich machen können. Das liegt daran, daß die Eiweißstoffe infolge ihres amphoteren Charakters sowohl saure wie basische Farbstoffe binden können. Die meisten Azo-Farbstoffe sind in diesem Falle völlig unbrauchbar, ebenso das Kongorot. Methylviolett und die verwandten Verbindungen werden nur wenig durch die in Rede stehenden Stoffe beeinflußt. Die Phthaleine geben gute Resultate, wenn nur Abbauprodukte in der Lösung anwesend sind; sind aber ungespaltene Eiweiß stoffe vorhanden, so sind sie auch nicht zu gebrauchen. Nur ein einziger Indicator, p-Nitrophenol, läßt sich in allen Fällen gut verwenden. Wie schon Sörensen (2) betonte, scheint der Einfluß der eiweißartigen Stoffe um so geringer zu sein, je einfacher der Indicator zusammengesetzt ist.

Aus der Arbeit von Sörensen (2) führe ich einige Beispiele in nachstehender Zusammenstellung hier an. a ist eine Invertinlösung, die als Puffergemisch 6 ccm Citrat und 4 ccm Natronlauge enthält.

b ist eine etwas angesäuerte 2%ige Leimlösung, c ist eine schwach salzsaure, etwa 2%ige Lösung von Witte-Pepton, d enthält schließlich eine 2%ige Hühnereiweißlösung.

	p_H in			
	a	b	c	d
Elektrometrisch	5,69	4,98	4,92	5,34
Colorimetrisch mit Alizarinsulfosäure-natrium	5,85	5,97	5,75	5,61
„ „ Lackmoid	5,75	—	—	—
„ „ p-Nitrophenol .	5,75	—	—	5,39

Durch besondere Versuche wies Sörensen nach, daß die Verbindung von den Indicatoren mit Eiweißstoffen langsam vor sich geht. Wenn er z. B. 40 ccm 0,5 %iges Hühnereiweiß und 10 ccm n-Salzsäure mischte, änderte die Farbe von Tropäolin 00 sich allmählich von rot in gelb. Aus Messungen mit der Wasserstoffelektrode ergab sich, daß die Wasserstoffionenkonzentration sich in dieser Zeit nicht geändert hatte. Aus Versuchen, welche ich mit Milch ausführte, ergab sich, daß man den Eiweißfehler leicht auf folgende Weise nachweisen kann. Wenn man zu Milch so viel Salzsäure hinzusetzt, daß p_H etwa 2 ist, so wird ein einfallender Tropfen Dimethylgelb oder Methylorange einen Augenblick rot gefärbt. Nach dem Mischen wird diese Farbe jedoch gelb.

Aus dem Vorhergehenden ergibt sich, daß die colorimetrische Methode zur Bestimmung von [H˙] im allgemeinen bei Abwesenheit von Eiweißstoffen oder größerer Mengen Neutralsalze gute Resultate liefert.

Wenn man die Methode anwenden will bei der Untersuchung von Lösungen, welche Substanzen enthalten, deren Einfluß auf die Farbe der Indicatoren noch nicht untersucht ist (z. B. von Kolloiden, vielen organischen Stoffen), so muß man die Resultate vergleichen mit denen, welche elektrometrisch erhalten werden. Die Messung der Wasserstoffionenkonzentration mit Hilfe der Wasserstoffelektrode muß immer als Standardmethode betrachtet werden.

Literaturverzeichnis zum vierten Kapitel.

1. Michaelis, Abderhaldens „Handbuch der biochemischen Arbeitsmethoden" 3, 1337 (1910).
2. Sörensen, Biochem. Zeitschr. 21, 131 (1909); 22, 352 (1909); Ergebn. d. Physiol. 12, 393 (1912).
3. Walpole, Journ. of the chem. soc. (London) 105, 2501 (1914).
4. Palitzsch, Biochem. Zeitschr. 70, 333 (1915).
5. Clark en Lubs, Journ. of bacteriol. 2, 1, 109, 191 (1917) (s. Clark, The Determination of Hydrogen Ions. Baltimore 1920).
6. Ringer, Verlag. Physiol. Lab. te Utrecht 10, 109 (1909).
7. Dodge, Journ. Ind. Eng. Chem. 7, 29 (1915).
8. Sörensen, Zeitschr. f. anal. Chem. 44, 161 (1905); 45, 217 (1906); Lunge, Zeitschr. f. angew. Chem. 17, 195, 225, 265 (1904); 18, 520 (1905).
9. Hildebrand, Zeitschr. f. Elektrochem. 14, 351 (1908).
10. Blum, Journ. of the Americ. chem. soc. 34, 123 (1912).
11. Walbum, Cpt. rend. des séances de la soc. de biol. 83, 707 (1920).
12. Gillespie, Journ. of the Americ. chem. soc. 42, 742 (1920).
13. Kolthoff, Zeitschr. f. Unters. d. Nahrungs- u. Genußm. 41, 114 (1921).

14. Henderson, Biochem. Zeitschr. **24**, 40 (1910).
15. Walpole, Biochem. Journ. **5**, 207 (1910); **7**, 260 (1913); **8**, 628 (1914).
16. Friedenthal, Zeitschr. f. physik. Chem. **10**, 113 (1904).
17. Salm, Zeitschr. f. physik. Chem. **10**, 341 (1904); **12**, 99 (1906).
18. Sörensen und Palitzsch, Biochem. Zeitschr. **24**, 381, 387 (1910).
19. Bohdan van Szyzkowski, Zeitschr. f. physik. Chem. **58**, 420 (1907); **63**, 421 (1908); **73**, 269 (1910); vgl. auch Michaelis und Rona, Biochem. Zeitschr. **23**, 61 (1910).
20. Kolthoff, Chem. Weekbl. **13**, 284; 1150 (1916); **15**, 394 (1918).
21. Mc Clendon, Journ. of biol. chem. **30**, 265 (1917).
22. Brightman, Beachem und Acree, Journ. of bacteriol. **5**, 169 (1920).
23. Wells, Journ. of the Americ. chem. soc. **42**, 2160 (1920).

Fünftes Kapitel.

Praktische Anwendung der colorimetrischen Bestimmung der Wasserstoffionenkonzentration.

1. Wasser.

a) **Destilliertes Wasser (1).** Destilliertes Wasser ist frei von Salzen; wenn es ganz rein wäre, würde [H·] gleich 8×10^{-8} bei 18° sein ($[H·] = \sqrt{K_{H_2O}}$). In Wirklichkeit reagiert das Wasser immer sauer, weil es stets Spuren Kohlensäure aus der Luft aufnimmt. Normale Luft enthält ungefähr 0,3 Vol.-$^0/_{00}$ Kohlensäure, während der Teilungskoeffizient der Kohlensäure zwischen einem Gasraum und Wasser ungefähr 1 : 1 ist. Wasser, das CO_2 aus der Luft bis zum Gleichgewicht aufgenommen hat, wird also 0,3 Vol.-$^0/_{00}$ Kohlensäure, d. h. etwa 0,0001 Mol. CO_2 enthalten. Weil die Dissoziationskonstante der Kohlensäure 3×10^{-7} ist, hat die genannte Lösung eine [H·]:

$$[H·] = \sqrt{10^{-4} \times 3 \times 10^{-7}} = 5,5 \times 10^{-6}$$
$$p_H = 5,26.$$

In der Tat findet man, daß p_H vom destillierten Wasser um 5,5 schwankt. Man kann dies einfach nachweisen, indem man Methylrot hinzufügt. Dies wird vom destillierten Wasser gewöhnlich auf Zwischenfarbe gefärbt.

Aus dem Obenstehenden ergibt sich, daß die [H·] von destilliertem Wasser erheblich schwanken kann. In Berührung mit reiner

Luft wird p_H nicht geringer sein als 5,2, findet man dennoch
einen kleineren p_H, so ist die Atmosphäre verunreinigt von stark
sauren Dämpfen. Für viele Zwecke ist das gewöhnliche destillierte
Wasser nicht rein genug, so u. a. für Leitfähigkeitsbestimmungen.
Man soll hierfür kohlensäurefreies Wasser benutzen, das selbst
keine größere Leitfähigkeit besitzt als 1×10^{-6} bei 18^0. — Es
wird erhalten, indem man gutes Leitungswasser über Baryt (und
wenn es Ammoniak enthält, auch mit Nesslers Reagens versetzt)
destilliert. Die Wasserdämpfe werden in einem Metallkühler
gekühlt und das Destillat wird sorgfältig aufbewahrt. Es soll
auf Methylrot alkalisch reagieren; p_H soll also größer
sein als 6,2. Ganz reines Wasser, das gar keine Verunreinigungen
enthält, ist nur einmal dargestellt worden, und zwar von Kohlrausch und Heydweiller (2).

b) Trinkwasser. In den meisten Trinkwässern kommt das
Puffersystem Kohlensäure-Bicarbonat vor. Auch gibt es Wasser-
sorten, die auf Phenolphthalein deutlich alkalisch reagieren, diese
enthalten dann Bicarbonat-Carbonat. In diesem Falle hat die
genaue Kenntnis der Wasserstoffionenkonzentration wenig praktische Bedeutung. Anders ist es, wenn das Wasser freie Kohlensäure neben Bicarbonat enthält. Verschiedene Eigenschaften
des Wassers, die praktisch von Bedeutung sind, werden durch
die Wasserstoffionenkonzentration und die absoluten Mengen
Kohlensäure und Bicarbonat beherrscht. So ist der Angriff auf
Bleirohre davon abhängig, nicht minder die Enteisenung, die
Klärung des Wassers und die Entfernung von Kieselsäure daraus.
Sobald man die Wasserstoffionenkonzentration kennt, kann
man bereits ein vorläufiges Urteil in bezug auf die genannten
Eigenschaften des Wassers aussprechen, mit Sicherheit indessen
noch nicht, weil man dazu die absolute Menge Kohlensäure und
Bicarbonat kennen muß. Auch das Angriffsvermögen von Wasser
auf Calciumcarbonat ist nicht allein abhängig von der Wasserstoffionenkonzentration, sondern gleichfalls vom Bicarbonat- und
Calciumgehalte. Die Tabelle von Tillmans (3), die den Wasserstoffexponenten angibt, der zu einer bestimmten Bicarbonatkonzentration gehört, bei der Wasser noch eben nicht aggressiv
wirkt, ist nur dann zu gebrauchen, wenn die Anzahl der Äquivalente
des Calciums der des Bicarbonats gleich ist (s. Kolthoff (3)).
Abgesehen von der Beurteilung des Wassers ist die Kenntnis
des Wasserstoffexponenten auch von großer Bedeutung für die

Analyse. Wie von verschiedenen Autoren bereits wiederholt angegeben ist, gibt die Bestimmung von freier Kohlensäure, besonders von kleinen Mengen neben Bicarbonat, nur dann gute Ergebnisse, wenn man stets dieselbe Menge Phenolphthalein gebraucht, genügend lange wartet, bis die Farbe nicht wieder verschwindet, Sorge trägt, daß sich keine Kohlensäure bei der Bestimmung verflüchtigt und ferner den erhaltenen Titrationswert nach dem Bicarbonat- und Calciumgehalte korrigiert. Ferner kann sich der Kohlensäuregehalt des Wassers beim Aufbewahren leicht ändern, sei es durch Verflüchtigung von Kohlensäure oder durch Alkaliabgabe des Glases, so daß es wünschenswert erscheint, daß man den Kohlensäuregehalt direkt bei der Probeentnahme am Brunnen bestimmt. In Hinblick auf die genannten Schwierigkeiten, die mit der Kohlensäuretitration verbunden sind, ist es ein Vorteil, daß man sie durch die einfache Bestimmung von p_H umgehen kann.

Aus der bekannten Bicarbonat- und Wasserstoffionenkonzentration läßt sich ableiten, daß

$$[CO_2] = \frac{[H^\cdot]}{K_1} \times [HCO_3{}'] = \frac{[H^\cdot]}{3 \times 10^{-7}} \times [HCO_3{}'].$$

Unter $[CO_2]$ versteht man die gesamte Menge Kohlensäure b, also eigentlich $CO_2 + H_2CO_3$. Der größte Teil der Kohlensäure ist nämlich als Anhydrid in der Lösung. Die genannte Gleichung kann man jedoch nur anwenden, wenn die Kohlensäurekonzentration nicht geringer als $^1/_{10}$ der Bicarbonatkonzentration ist. Ist das Verhältnis enger, dann muß man eine verwickeltere Gleichung anwenden. Wenn nämlich die Kohlensäurekonzentration klein ist im Vergleich zur Bicarbonatkonzentration, so spielt die Hydrolyse des Bicarbonats eine merkbare nicht vernachlässigbare Rolle. Die gesamte Menge Kohlensäure ist dann größer als die Menge freier Kohlensäure, welche wir b nennen und die durch die Titration gefunden ist. Umgekehrt ist die gesamte Menge Bicarbonat kleiner als die Menge a, die durch Titration gefunden wurde. So habe ich abgeleitet (3), daß

$$[CO_2] = b + a \times 1{,}2 \times 10^{-2}$$
$$HCO_3{}'] = 0{,}988\,a.$$

Wenn man diese Korrektur anbringt, findet man fast genau die absoluten Mengen $[CO_2]$ und $[HCO_3{}']$, die anwesend sind.

Dann kann man weiter zur Berechnung von [H˙] wieder die gewöhnliche Gleichung anwenden:

$$[H˙] = \frac{[CO_2]}{[HCO_3{'}]} \times 3 \times 10^{-7}.$$

Umgekehrt kann man nun auch wieder mit Hilfe der bestimmten [H˙] und [HCO₃′] die Kohlensäuremenge berechnen, wenn man auf die genannten Korrekturgleichungen achtet. Diese Korrekturen sind praktisch von den absoluten Konzentrationen von [CO₂] und [HCO₃′] unabhängig und hängen nur vom Verhältnis beider ab.

Aus der folgenden Tabelle geht hervor, daß man bei Anwesenheit von sehr kleinen Mengen Kohlensäure neben relativ viel Bicarbonat große Unterschiede zwischen den Werten findet, je nachdem ob man dieselben mittels der einfachen oder genauen Gleichung berechnet.

Verhältnis $\dfrac{\text{Kohlensäure}}{\text{Bicarbonat}}$	[H˙] genau berechnet	[H˙] einfach berechnet
1 : 99	$6{,}6 \times 10^{-9}$	$3{,}0 \times 10^{-9}$
2,5 : 97,5	$10{,}1 \times 10^{-9}$	$7{,}5 \times 10^{-9}$
4 : 100	$15{,}7 \times 10^{-9}$	12×10^{-9}
5 : 100	$18{,}9 \times 10^{-9}$	15×10^{-9}
10 : 100	35×10^{-9}	30×10^{-9}

Wenn das Wasser keine freie Kohlensäure enthält, d. h. wenn Bicarbonat und Carbonat nebeneinander vorkommen, ist die genaue Kenntnis des Wasserstoffexponenten ohne praktische Bedeutung. Man kann [H˙] berechnen, wenn man den Bicarbonat- und Carbonatgehalt kennt. Die Gleichung wird weniger einfach als im Falle Kohlensäure-Bicarbonat (s. Auerbach (4)). Da die Bestimmung kleiner Mengen Carbonat neben Bicarbonat auch nicht einfach auszuführen ist, kann man auch hier besser aus p_H und der Bicarbonatkonzentration die Carbonatkonzentration berechnen.

Wie bereits gesagt ist, enthalten die meisten Trinkwässer freie Kohlensäure neben Bicarbonat. Aus verschiedenen Gründen ist die Bestimmung der Wasserstoffionenkonzentration mit der Wasserstoffelektrode hier nicht zu empfehlen. Außer, wenn man sehr sorgfältig arbeitet, findet man unrichtige Resultate. In der Elektrode wird eine kleine Menge Kohlensäure aus der Flüssigkeit

in die Gasschicht ausgeschüttelt, ferner ist die Flüssigkeit sehr arm
an Puffern, so daß man während der Messung dauernd schütteln
muß. Dazu kommt noch, daß der Gesamt-Salzgehalt gewöhnlich
gering ist, also der elektrische Leitungswiderstand groß, wodurch
die potentiometrische Bestimmung unscharf wird.

Bei der Bestimmung von p_H von Trinkwasser ist die colorimetrische Methode also sehr am Platze. Auf Grund verschiedener
Versuche kam ich denn auch zu dem Ergebnisse, daß man mit
Hilfe der colorimetrischen Methode gute, mit der Wasserstoffelektrode unrichtige Resultate erhält. Auch aus der folgenden
Tabelle geht das hervor. Die experimentellen Ergebnisse sind
entlehnt von Massink (3). Den berechneten Exponenten habe
ich abgeleitet aus dem Kohlensäure- und Bicarbonatgehalte. Wie
zu erwarten, wird der Wasserstoffexponent, mit der Wasserstoffelektrode bestimmt, gewöhnlich wegen des Kohlensäureverlustes
zu hoch gefunden.

	p_H col.	p_H elektr.	p_H ber.		p_H col.	p_H elektr.	p_H ber.
Almelo	7,2	—	7,08	Meppel . . .	6,2	6,86	6,15
Amsterdam W .	7,7	7,5	7,63	Nymegen . .	7,2	7,04	7,15
Apeldoorn . . .	6,4	6,81	6,48	Oldenzaal . .	7,6	—	7,62
Arnhem	6,0	6,59	6,2	Oosterbeek .	7,4	—	7,25
den Bosch . .	6,5	—	6,6	Rhenen . . .	7,35	7,46	7,34
Boskoop . . .	7,6	—	7,64	Sittard . . .	7,4	—	7,42
Coevorden . . .	6,8	—	6,84	Steenwijk . .	6,0	—	6,09
Breda	7,0	—	6,96	Tiel	—	7,9	7,5
Eindhoven . . .	7,5	—	7,60	Utrecht . .	7,6	7,67	7,58
Enschede . . .	7,2	—	7,19	Valkenburg .	7,6	—	7,66
den Haag . . .	7,6	7,87	7,80	Velp	7,0	—	7,05
Heerlen C . . .	7,0	6,87	7,05	Velsen . . .	7,3	7,67	7,4
Heerlen K . .	7,5	7,39	7,55	Venlo . . .	6,7	—	6,76
Hoorn	7,3	7,52	7,38	Vlissingen .	7,4	7,87	7,6
Leeuwarden . .	6,8	7,08	6,6	Voorburg . .	7,65	—	7,63
Maarssen . . .	7,9	8,04	7,8	Wageningen .	6,9	7,3	6,74
Maastricht . .	7,5	7,58	7,45	Z. Beveland .	7,7	7,87	7,75

Der Wasserstoffexponent der meisten Trinkwässer liegt zwischen
$p_H = 7,0$ und 8,0. Aus verschiedenen Gründen ist Neutralrot
der geeignetste Indicator zu seiner Bestimmung. Das Umschlagsintervall dieses Indicators ist klein, während der Salzfehler sehr
gering ist. Lackmus, Azolithmin und Rosolsäure sind nicht
zu empfehlen. Auch Phenolsulfophthalein (Phenolrot), das ein
sehr scharf begrenztes Umschlagsintervall besitzt, ist wegen des

ziemlich großen Salzfehlers nicht geeignet. Wenn p_H zwischen 6,8 und 6,2 liegt, muß man mangels eines geeigneten anderen Indicators Azolithmin oder besser Bromkresolpurpur gebrauchen. Ist p_H kleiner als 6,2, dann ist Methylrot am Platze. Ist andererseits p_H größer als 8 und kleiner als 9,5, so ist Phenolphthalein geeignet, ist p_H noch größer als 9,5 (was nur sehr selten der Fall sein wird), dann ist Thymolphthalein zu gebrauchen. Bezüglich weiterer Ausnahmefälle sei auf die Mitteilungen von Kolthoff (3) verwiesen.

c) Meerwasser: Wie Sörensen und Palitzsch, die ausführliche Untersuchungen von Meerwasser angestellt haben, bemerken, ist die Bestimmung des Wasserstoffexponenten in der Praxis am besten colorimetrisch auszuführen. Von Oberflächenwasser lag der Exponent gewöhnlich zwischen 7,95 und 8,35; nur eine Ausnahme wurde gefunden, nämlich beim Wasser vom Schwarzen Meere, wovon der Wasserstoffexponent 7,26 war. Diese größere Wasserstoffionenkonzentration ist der Anwesenheit von Schwefelwasserstoff zuzuschreiben. Unter der Oberfläche lag p_H gewöhnlich zwischen 8,07 und 8,09. Ringer (6) fand im Wasser der Nordsee und des Zuidersees p_H zwischen 8,24 und 7,85. Bei ihren Untersuchungen bestimmten Sörensen und Palitzsch gleichzeitig den Salzfehler der von ihnen gebrauchten Indicatoren.

Indicator	Puffer-mischung	Gramm Salz auf 1000 ccm			
		35	20	5	1
			Salzfehler		
Paranitrophenol	Phosphat	+ 0,12	+ 0,08	—	—
Neutralrot	,,	— 0,10	— 0,05	—	—
α-Naphthol- ⎱	,,	+ 0,16	+ 0,11	— 0,04	— 0,13
phthalein ⎰	Borat	+ 0,22	+ 0,17	+ 0,03	— 0,07
Phenolphthalein	,,	+ 0,21	+ 0,16	+ 0,05	— 0,03

Das +-Zeichen zeigt an, daß die colorimetrisch gefundenen Zahlenwerte zu hoch sind. Wenn man z. B. in einer Salzlösung, die 3,5% Salz enthält, einen p_H von 8,51 auf Phenolphthalein findet, dann ist der wahre $p_H = 8,3$.

d) Mineralwässer. Mineralwässer können sowohl sauer reagieren durch einen überschüssigen Gehalt an Kohlensäure als auch alkalisch durch ihren Gehalt an der Kombination Kohlensäure-Bicarbonat. In bezug auf die medizinische Wirkung des Wassers scheint p_H von Bedeutung zu sein. König (7) führt hierüber folgendes aus: ,,Von ärztlicher Seite wird neuerdings mehrfach Wert auf die Ermittelung der Wasserstoffionenkonzentration der Mineralwässer gelegt. Es handelt sich dabei natürlich nicht um die durch acidimetrische oder alkalimetrische Maßanalyse festzustellende Größe, vielmehr fragt man nach dem wahren Gehalt an Wasserstoffionen — — — — —. Noch steht man erst vor den Anfängen eines eben erschlossenen, allerdings viel versprechenden Gebietes, und einschlägige Untersuchungen dürften zunächst nun wohl selten vom Chemiker ausgeführt werden.''

In alkalischen Mineralwässern kann man aus dem Bicarbonat- und Carbonatgehalte die Hydroxylionenkonzentration berechnen, wie es von Hintz und Grünhut (8) sowie Auerbach (9) bereits geschehen ist. Auerbach weist darauf hin, daß die Berechnung nach Hintz und Grünhut nicht ganz richtig ist, und gibt verbesserte Gleichungen an. So berechnete Auerbach, daß im Wasser von der Kainzenquelle bei $t = 8^0$: $[OH'] = 4 \times 10^{-4}$; von der Antonienquelle bei $26,7^0$: $[OH'] = 6,3 \times 10^{-5}$, von der Sidonienquelle bei $9,5^0$: $[OH'] = 2,58 \times 10^{-4}$ ist. Michaelis (10) fand elektrometrisch folgende Werte:

$$\text{Mühlbrunnen} \quad . \quad p_H = 7,00$$
$$\text{Sprudel} \quad . \; . \; . \quad p_H = 6,80$$
$$\text{Marktbrunnen} \quad . \quad p_H = 6,54.$$

Unter Berücksichtigung des hohen Kohlensäuregehaltes kann man hier p_H natürlich auch sehr gut colorimetrisch bestimmen.

2. Bestimmung der Dissoziationskonstante von Säuren und Basen und Prüfung von Säuren auf saure oder basische Verunreinigungen.

a) Einbasische Säuren und die erste Dissoziationskonstante mehrbasischer Säuren. Wenn man von einer Lösung bekannter Stärke die Wasserstoffionenkonzentration kennt, kann man auf einfache Weise die Dissoziationskonstante berechnen. Stets, wenn c die Gesamtkonzentration der Säure ist, gilt die Gleichung

$$K_{HA} = \frac{[H\cdot]^2}{c - [H\cdot]}.$$

Salm (11) bestimmte durch colorimetrische Bestimmung der Wasserstoffionenkonzentration von Lösungen bekannter Stärke die Dissoziationskonstante verschiedener Säuren. Umgekehrt kann man eine Säure, deren Dissoziationskonstante bekannt ist, durch

Messung von [H˙] in einer Lösung von gegebener Stärke identifizieren. Ich (12) habe von verschiedenen 0,1 n-Säurelösungen [H˙] berechnet und ebenfalls colorimetrisch bestimmt; die Übereinstimmung war ausgezeichnet. In der folgenden Tabelle sind verschiedene Angaben wiedergegeben von solchen Säuren, die eine praktische Bedeutung besitzen. Bei Phosphorsäure ist 0,1 n-Lösung einer 0,1 molaren gleichgerechnet. Aus den Angaben im Kapitel IV, S. 73 kann man direkt ableiten, welche Puffergemische als Vergleichsflüssigkeiten in Betracht kommen. Für die meisten Säuren kann man hier auch frisch bereitete Salzsäurelösungen herstellen, deren Stärke mit der [H˙] der zu untersuchenden Säure übereinstimmt.

Tabelle [H˙] von verschiedenen Säuren.

Art der Säure	Dissoziationskonstante	Stärke der Lösung	p_H	[H˙]	Indicator
Arsenige Säure	6×10^{-10}	gesättigt	5,0	1×10^{-5}	Methylrot
Borsäure . . .	$6,6 \times 10^{-10}$	0,1 n.	4,84	$1,45 \times 10^{-5}$	,,
Phosphorsäure .	$1,1 \times 10^{-2}$	0,1 molar	1,52	$3,05 \times 10^{-2}$	Methylviolett od. Tropäolin 00
Essigsäure . . .	$1,86 \times 10^{-5}$	0,1 n.	2,86	$1,4 \times 10^{-3}$	Tropäolin 00
Bernsteinsäure .	$6,8 \times 10^{-5}$	0,1 n.	2,75	$1,8 \times 10^{-3}$	,, 00
Citronensäure .	$8,2 \times 10^{-4}$	0,1 n.	2,31	$4,9 \times 10^{-3}$	,, 00
Cyanwasserstoff	$7,2 \times 10^{-10}$	0,1 n.	5,07	$8,5 \times 10^{-6}$	Methylrot
Milchsäure . .	$1,4 \times 10^{-4}$	0,1 n.	2,43	$3,7 \times 10^{-3}$	Tropäolin 00
Ameisensäure .	$2,05 \times 10^{-4}$	0,1 n.	2,33	$4,6 \times 10^{-3}$	,, 00
Oxalsäure . . .	$3,8 \times 10^{-2}$	0,1 n.	1,56	$2,75 \times 10^{-2}$	Methylviolett od. Tropäolin 00
Weinsäure . . .	$9,7 \times 10^{-4}$	0,1 n.	2,19	$6,5 \times 10^{-8}$	Tropäolin 00
Benzoesäure . .	$6,52 - 10^{-5}$	0,01 n.	3,10	8×10^{-4}	,, 00
Camphersäure .	$2,29 \times 10^{-5}$	0,01 n.	3,32	$4,8 \times 10^{-4}$	Methylorange
Saccharin (o. Sulfobenzamid) .	$2,5 \times 10^{-2}$	0,01 n.	2,13	$7,5 \times 10^{-3}$	Tropäolin 00
Salicylsäure . .	$1,06 \times 10^{-3}$	0,01 n.	2,55	$2,8 \times 10^{-8}$	,, 00
Veronal	$3,7 \times 10^{-8}$	0,01 n.	4,7	$1,9 \times 10^{-5}$	Methylrot

Auch kann man von der colorimetrischen Bestimmung von [H˙] Gebrauch machen, um die Reinheit einer Säure zu beurteilen. Für diesen Zweck ist es am besten, nicht eine 0,1 n-Lösung zu verwenden, sondern von einer konzentrierteren auszugehen. Es ist nicht möglich, in allen Säuren mit gleich großer Empfindlichkeit kleine Mineralsäure- oder Alkalimengen anzuzeigen. Je kleiner die Dissoziationskonstante ist, um so größer ist die Veränderung

von [H˙] durch einen geringen Zusatz einer starken Säure oder
von Alkali. Es ergab sich, daß man noch in ungünstigen Fällen
bequem $1\,^0/_0$ Mineralsäure oder Alkali nachweisen kann. So wurde
eine 0,2 molare Weinsäurelösung hergestellt. Ich setzte bekannte
Mengen Salzsäure oder Alkali zu und bestimmte [H˙] colorimetrisch
mit Tropäolin 00 als Indicator. Gleichzeitig wurde [H˙] berechnet.

Aus der bekannten Dissoziationskonstante von Weinsäure ist
abzuleiten, daß eine 0,2 mol Lösung eine [H˙] von $1,4 \times 10^{-2}$ besitzt.
Fügt man nun zu der Lösung so viel Salzsäure, als 0,01 n-HCl
entspricht, dann wird [H˙] zwar nicht gleich $2,4 \times 10^{-2}$, sondern
kleiner, da durch den Zusatz der starken Säure der Dissoziationsgrad der Weinsäure abnimmt. Nennt man nun aber die Konzentration der gespaltenen Säure x und ist a die Konzentration der
mineralen Säure- oder Alkalimenge, dann ist aus der Gleichung
der Dissoziationskonstante abzuleiten, daß

$$\frac{(a+x)\,x}{0,2} = K = 9,7 \times 10^{-4}.$$

Aus dieser quadratischen Gleichung kann man x berechnen
und so [H˙] ableiten. So wurde folgendes gefunden:

Zusammensetzung der Flüssigkeit	[H˙] bestimmt	[H˙] berechnet
I 0,2 mol.-Weinsäure	$1,4 \times 10^{-2}$	$1,36 \times 10^{-2}$
II wie I $+ 2$ aeq. p · Ct · HCl	$1,7 \times 10^{-2}$	$1,6\ \times 10^{-2}$
III wie I $+ 2$ aeq. p · Ct · NaOH	$1,1 \times 10^{-2}$	$1,2\ \times 10^{-2}$
IV wie I $+ 4$ aeq. p · Ct · NaOH	$0,9 \times 10^{-2}$	$1,0\ \times 10^{-2}$

In anderen Säuren mit kleineren Dissoziationskonstanten kann
man noch empfindlicher minimale Mengen Säure oder Alkali
anzeigen.

b) Sehr schwache Säuren oder Basen. Die [H˙] ist auch
von starken Lösungen sehr schwacher Säuren nur gering; umgekehrt ist [OH′] in relativ starken Lösungen von sehr schwachen
Basen ebenfalls sehr gering. Wenn man nun aus der colorimetrisch
bestimmten [H˙] einer solchen Säure- oder Basen-Lösung die
Dissoziationskonstante berechnen will, dann werden Spuren von
Kohlensäure im Wasser oder Spuren saurer oder basischer Verunreinigungen in dem zu untersuchenden Stoffe einen so großen
Einfluß auf die [H˙] ausüben, daß der abgeleitete Wert der Disso-

ziationskonstante fehlerhaft wird. In diesem Falle ist es darum besser, einen anderen Weg einzuschlagen. Fügt man zu einer sehr schwachen Säure mit einer Dissoziationskonstante gleich oder größer als 10^{-10} Lauge, dann verhält sich das System ebenso wie das einer stärkeren Säure wie ein Puffersystem. In dem von uns genannten Falle wird praktisch alle Säure durch die Lauge in Salz verwandelt, jedenfalls wenn man nicht von einem ungünstigen Gemisch ausgeht, in dem das Verhältnis Säure : Salz gleich oder kleiner ist als $^1/_{10}$; sonst muß die Hydrolyse des Salzes bei der Berechnung beachtet werden. Neutralisiert man die zu untersuchende Säure zur Hälfte mit Lauge, dann ist

$$K_{HA} = [H^{\cdot}] \cdot a.$$

a ist der Dissoziationsgrad des entstandenen Salzes; dieser muß in den meisten Fällen geschätzt werden. Wenn man nur ein Zehntel der Säure neutralisiert, ist $K = {}^1/_{10}\, a\, [H^{\cdot}]$.

Von sehr schwachen Basen kann man auf analoge Weise die Dissoziationskonstante bestimmen. Es sei bemerkt, daß man von stärkeren Säuren und Basen die Konstante natürlich auf dieselbe Weise bestimmen kann.

So fand ich (13) bei der Nachprüfung der Methode u. a. folgende Werte:

Substanz	Dissoziationskonstante
Phenol	$9,2 \times 10^{-11}$
Resorcin	$K_1 = 3,0 \times 10^{-10}; \quad K_2 = 8,7 \times 10^{-11}$
Anilin	$1,9 \times 10^{-10}$
Semicarbazid	$2,9 \times 10^{-11}$
Glykokoll	$K_S = 1,2 \times 10^{-10}; \quad K_B = 2,3 \times 10^{-4}$

Von besonders schwachen Säuren, wie Rohrzucker u. dgl., kann man auch colorimetrisch die Dissoziationskonstante bestimmen, wenn man von konzentrierten Lösungen ausgeht und die Hydrolyse in Anrechnung bringt.

c) Dissoziationskonstanten mehrbasischer Säuren. Die erste Dissoziationskonstante mehrbasischer Säuren kann auf dieselbe Weise wie die von einbasischen Säuren bestimmt werden. Die anderen Konstanten müssen indessen auf andere Weise abgeleitet werden. Man kann dies auf doppelte Art ausführen, einmal durch Messung der $[H^{\cdot}]$ von Gemengen des sauren Salzes mit dem darauffolgenden Salz (bei zweibasischen Säuren also vom sauren mit dem normalen Salz) oder durch Bestimmung von $[\overset{\cdot}{H}]$ im sauren Salz allein. Die erste Methode ist die einfachste. Aus der Gleichung:

$$HA' \leftrightarrows \overset{\cdot}{H} + A''$$

folgt, daß $K_2 = [\overset{\cdot}{H}]\,\dfrac{[A'']}{[HA']}$.

Man kann also weiter auf die unter b) beschriebene Weise $[\overset{\cdot}{H}]$ bestimmen und die Konstante berechnen.

Aus der $[\overset{\cdot}{H}]$ des sauren Salzes kann man ungefähr analog nach Noyes (14) auch die Konstante berechnen. Auf diese beiden Arten kann man die Konstanten viel einfacher und ebenso genau ableiten, als das in der Literatur geschehen ist. Ich fand von folgenden Säuren bei 15° folgende Mittelwerte:

Zweite Dissoziationskonstante von mehrbasischen Säuren.

$$
\begin{aligned}
&\text{Oxalsäure} &&K_2 = 3,5 \times 10^{-5}\\
&\text{Bernsteinsäure} &&K_2 = 5,9 \times 10^{-6}\\
&\text{Weinsäure} &&K_2 = 8\ \ \times 10^{-5}\\
&\text{Citronensäure} &&K_2 = 4,8 \times 10^{-5}\\
&\text{''} &&K_3 = 1,8 \times 10^{-6}\\
&\text{Äpfelsäure} &&K_2 = 9\ \ \times 10^{-6}\\
&\text{Malonsäure} &&K_2 = 3\ \ \times 10^{-6}\\
&\text{Maleinsäure} &&K_2 = 8\ \ \times 10^{-7}\\
&\text{Fumarsäure} &&K_2 = 5\ \ \times 10^{-5}\\
&\text{Aconitsäure} &&K_2 = 1,1 \times 10^{-6}\\
&\text{Adipinsäure} &&K_2 = 5\ \ \times 10^{-6}\\
&\text{Schleimsäure} &&K_2 = 6,4 \times 10^{-5}\\
&\text{Phthalsäure} &&K_2 = 8\ \ \times 10^{-6}\\
&\text{Camphersäure} &&K_2 = 2,5 \times 10^{-6}
\end{aligned}
$$

3. Hydrolysenkonstante.

Wie wir im ersten Kapitel (S. 10) gesehen haben, kann man aus der $[\overset{\cdot}{H}]$ einer Salzlösung einfach die Hydrolysenkonstante berechnen. Von den vielen Methoden, die in der Literatur (15) zur Ableitung der Hydrolysenkonstante genannt sind, ist die colorimetrische Bestimmung wohl am meisten am Platze. Die Inversions- oder Verseifungsmethode muß wegen der geringen $[\overset{\cdot}{H}]$ oder $[OH']$ der Lösung gewöhnlich bei hoher Temperatur aus-

geführt werden; für die Anwendung der Messung der elektrischen
Leitfähigkeit muß die Hydrolyse beträchtlich sein. Die Wasserstoffelektrode kann in vielen Fällen nicht gebraucht werden,
so u. a. bei Salzen von Metallen, die in der Spannungsreihe unter
Wasserstoff stehen und bei vielen organischen Stoffen wegen der
Reduktion in der Elektrode; zum Schluß kann die Ausschüttel-
methode nur sehr beschränkt angewendet werden. In fast allen
Fällen kann man die colorimetrische Methode einfach und mit
Erfolg anwenden, auch bei gefärbten Salzen. Oft kann man
unter dem Glase, worin sich die zu messende Flüssigkeit befindet,
eine andere Küvette anbringen (Abb. 6, S. 86), worin sich eine
Flüssigkeit befindet, die die Komplementärfarbe der zu untersuchenden Lösung hat. So kann man im Falle der [H·]-Bestim-
mung in Kobaltsalzen die störende Farbe mit einem Nickelsalz
fortnehmen. Die colorimetrische Methode ist vor allem für organische Stoffe angewendet worden durch Veley (15), ferner Tizard
(15), auch durch Barratt (15) für Chinaalkaloide; Denham (15)
untersuchte einzelne Metallsalze mit der Wasserstoffelektrode.
Meine Untersuchungen über Metallsalze sind zu umfangreich
und zu einer kurzen Wiedergabe an dieser Stelle nicht geeignet.

**4. Untersuchung von Salzen auf sauer oder basisch reagierende
Verunreinigungen.**

Salze von starken Säuren und Basen reagieren in wäßriger
Lösung vollständig neutral, d. h. sie verändern die Reaktion des
Wassers nicht. Wie wir unter 1. gesehen haben, kann die Reaktion
von destilliertem Wasser sehr wechseln. Man kann nun zur Untersuchung der genannten Salze gewöhnliches destilliertes Wasser,
das mit Luft gesättigt ist, gebrauchen, und kann dann fordern,
daß das gelöste Salz die Farbe, die das Wasser mit Methylrot
annimmt, nicht verändern darf. Diese Reaktion ist natürlich
sehr scharf, da man auch die geringsten Spuren Säure oder Alkali
ausschließt. Praktisch wird es darum besser sein, zu fordern,
daß 10 ccm einer Lösung 1 : 10 des Salzes durch einen Tropfen
0,1 n-Lauge gegen Phenolphthalein alkalisch werden und durch
einen Tropfen 0,1 n-Säure sauer gegen Methylorange oder Dimethylgelb. Salze schwacher Säuren reagieren durch die Hydrolyse alkalisch, während umgekehrt die Salze von schwachen Basen mit
starken Säuren sauer reagieren. Wenn man die Hydrolysenkonstante kennt, kann man berechnen, wie groß [H·] in einer
Lösung von bestimmter Konzentration ist. Durch eine colori-

metrische Bestimmung kann man sich überzeugen, ob das Salz vollständig rein ist. Auch diese Reaktion soll man aber nur zur Beurteilung von besonders reinen Präparaten anwenden; für die Untersuchung von Salzen, wie sie z. B. in der Apotheke gebraucht werden, kann man besser eine Grenze für die zulässigen Mengen Säure oder Lauge als Verunreinigung festsetzen. So kann man an Handelssalze folgende Forderungen stellen:

Kaliumacetat: 10 ccm einer Lösung 1 : 10, versetzt mit Phenolphthalein, färbt diesen Indicator auf Zwischenfarbe und wird durch 0,1 ccm 0,1 n-HCl entfärbt. So wird die Anwesenheit von mehr als $0,1\%$ Carbonat ausgeschlossen.

Alkalicarbonat: Eine Lösung 1 : 5 (bei Kaliumcarbonat 0,5 : 5) in der Wärme mit 20 ccm 0,5 n-Bariumchlorid und 3 Tropfen Phenolphthalein versetzt soll nach dem Abkühlen farblos sein und durch 0,1 ccm 0,1 n-Natronlauge bleibend rot gefärbt werden. Auf diese Weise kann man noch eine Menge freie Base 1 : 2500 und Bicarbonat 1 : 1000 anzeigen. Wenn man das Bariumchlorid bei Zimmertemperatur der Carbonatlösung zufügt, reagiert reines Carbonat danach gegen Phenolphthalein alkalisch, da ein wenig Bariumbicarbonat mit dem Carbonat mitgerissen wird (Sörensen 1904).

Alkalibicarbonat (17). Das deutsche Arzneibuch setzt eine Grenze fest für die Menge Säure, die nötig ist, um eine Bicarbonatlösung bei Zusatz von Phenolphthalein zu entfärben. Da der Farbumschlag hierbei unscharf ist, kann man so nicht genau beurteilen, ob das zu untersuchende Präparat Carbonat enthält. Besser kann man die Untersuchung in der Weise ausführen, daß man zu der zu untersuchenden Lösung so viel Phenolphthalein fügt, als eben eine reine Bicarbonatlösung noch nicht rosa färbt. Wenn man zu 50 ccm 0,1 n-reinem Bicarbonat in einem Nesslerschen Colorimeterglase 0,2 ccm $1\%_{00}$iges Phenolphthalein fügt, ist die Flüssigkeit nach 3 Minuten langem Stehen farblos, bei Anwesenheit von Carbonat rosa. Aus der Intensität der Farbe kann man den Carbonatgehalt ableiten. 1% Carbonat ist so colorimetrisch noch in Bicarbonat zu bestimmen.

Natriumphosphat. Eine Lösung 1 : 10, mit 3 g Natriumchlorid versetzt, soll auf Phenolphthalein nur so schwach alkalisch reagieren, daß die Farbe nach Zusatz von 0,1 ccm 0,1 n-Salzsäure verschwunden ist. Auf diese Weise ist Carbonat in Menge von 1 : 1000 noch nachweisbar.

Natriumarsenat muß derselben Forderung wie Natriumphosphat genügen.

Natriumpyrophosphat. Eine Lösung 1 : 20, mit Chlornatrium gesättigt, soll auf Phenolphthalein nur so schwach alkalisch reagieren, daß die Farbe nach Zusatz von 0,2 ccm 0,1 n-HCl verschwunden ist. Eine Carbonatmenge von 1 : 1000 ist so ausgeschlossen.

Natriumkaliumtartrat. Die Lösung 1 : 10 ist gegen Phenolphthalein farblos oder so schwach alkalisch, daß die Rosafärbung nach Zusatz von 0,1 ccm 0,1 n-HCl verschwunden ist.

Kaliumantimonyltartrat. Die Anwesenheit von Kaliumbitartrat ist sehr deutlich mit Methylorange oder Dimethylgelb nachweisbar. Eine Lösung 1 : 20 von einem reinen Präparat hat eine $p_H = 4{,}1$, durch Zusatz von $1\,^0/_0$ Kaliumbitartrat wird $p_H = 3{,}4$. Man kann also fordern, daß eine Lösung 1 : 20 des zu untersuchenden Präparates gegen Methylorange nicht saurer reagiert als eine 0,1 mol Kaliumbiphthalatlösung. Auf diese Weise wird mehr als $0{,}3\,^0/_0$ Kaliumbitartrat ausgeschlossen.

Natriumsalicylat: Die Lösung 1 : 10 soll gegen Phenolphthalein sauer reagieren und durch Zusatz von 0,1 ccm 0,1 n-Lauge alkalisch werden.

Natriumglycerophosphat: Die Lösung 1 : 20 reagiert gegen Phenolphthalein schwach alkalisch und wird durch 0,1 ccm 0,1 n-HCl entfärbt.

Natriumsulfophenylat: Die Lösung 1 : 10 reagiert alkalisch gegen Dimethylgelb und wird durch 0,1 ccm 0,1 n-HCl gegen diesen Indicator sauer.

Zinkchlorid: Die Lösung 1 : 10 reagiert auf Dimethylgelb alkalisch und wird gegenüber diesem Indicator durch 0,1 ccm 0,1 n-HCl sauer.

Zinksulfat: Wegen des Gebrauches dieses Präparates in der Augenheilkunde muß auch die Anwesenheit von Spuren freier Säure ausgeschlossen werden. Man muß darum fordern, daß eine Lösung 1 : 10 alkalisch gegen Methylorange reagiert. Die Anwesenheit von 1 : 200000 Schwefelsäure ist so ausgeschlossen.

Zinksulfophenylat: 10 ccm der Lösung 1 : 10 reagieren auf Dimethylgelb alkalisch und werden durch Zusatz von 0,1 ccm 0,1 n-Säure auf diesen Indicator sauer.

Kupfersulfat: Wegen der blauen Farbe der Lösung ist die

colorimetrische Beurteilung der Reaktion direkt schwierig auszuführen. Man kann hier indessen von Natriumthiosulfat Gebrauch machen, das das Cuprisalz in das farblose Cuprosalz über-
führt. Zu 10 ccm der Lösung 1 : 10 fügt man 20 ccm n-Natrium-
thiosulfat, worauf man direkt die Färbung nach Zusatz von Dimethylgelb beurteilt. Die Reaktion muß alkalisch sein. Die
Anwesenheit von 1 : 2000 freier Schwefelsäure ist so ausgeschlossen.

Ferrosulfat: Die Lösung 1 : 10 reagiert auf Dimethylgelb
alkalisch.

Ferrichlorid: Die Lösung 1 : 10, mit 10 mg Kupfersulfat
und 6 ccm n-Thiosulfat versetzt, soll nach drei Minuten langem
Stehen nicht eine braune Trübung abscheiden und nicht mehr
als 0,2 ccm 0,1 n-Lauge auf Dimethylgelb binden.

Aluminiumsulfat und Alaun: Die Lösung dieser Präparate
(1 : 20) muß gegen Tropäolin 00 alkalisch reagieren. So wird
mehr als 1 : 1000 Schwefelsäure ausgeschlossen.

Die Untersuchung von Salzen schwacher Säuren und schwacher
Basen kann nicht auf die genannte Weise geschehen, weil die Lösung
stark hydrolysiert ist. Hierbei ist es am besten, die Lösung mit
Neutralrot zu versetzen und [$H^{\cdot}$] zu beurteilen. Wie wir im ersten
Kapitel (S. 12) gesehen haben, können wir von Salzen schwacher
Säuren und Basen die [$H^{\cdot}$] ihrer Lösungen berechnen. So reagiert
eine Lösung von reinem Ammoniumacetat völlig neutral. Weicht
nun bei Zimmertemperatur p_H von 7,1 ab, dann kann man aus
[$H^{\cdot}$] berechnen, wieviel freie Säure oder Ammoniak das Präparat
enthält. Dasselbe gilt von Ammoniumoxalat; eine Lösung eines
reinen Präparates hat einen p_H von 6,88; eine Lösung von
Ammoniumformiat von 6,45; von Ammoniumsuccinat ist p_H gleich
7,3. Ammoniumsalicylat ist einfacher zu beurteilen. Man kann
fordern, daß 50 ccm einer Lösung 1 : 50 Methylrot auf Zwischenfärbung färbt, und durch Zufügung von nicht mehr als 0,2 ccm
0,1 n-Lauge gegen diesen Indicator alkalisch wird. Die Prüfung
von Bleiacetat auf Verunreinigung von basischem Salz ist lästiger,
weil das letztere die Reaktion einer reinen Bleiacetatlösung (p_H
= 6,0) wenig verändert. Darum muß man bei der Untersuchung
dieses Präparates einen anderen Weg einschlagen: Zu 10 ccm der
Lösung 1 : 20 fügt man 10 ccm 10%ige Natriumsulfitlösung.
dann 15 ccm 0,5 n-Bariumnitrat und 5 Tropfen Phenolphthalein,
Die so erhaltene Lösung soll nicht alkalisch reagieren und muß
beim Zusatz von 0,2 ccm 0,1 n-Lauge bleibend rot gefärbt werden.

5. Bodenuntersuchung.

Bei der Beurteilung von Boden ist die Kenntnis des Wasserstoffexponenten des Extraktes und gleichfalls die Neutralisationskurve des letzteren von Bedeutung. Da in diesem Falle mit der Messung von [H˙] durch die Wasserstoffelektrode viel Schwierigkeiten verbunden sind (17), wird die colorimetrische Methode auch hier gute Dienste leisten.

6. Untersuchung von Nahrungs- und Genußmitteln.

Für die Beurteilung von Wein, Bier und Fruchtsäften ist die Kenntnis der Wasserstoffionenkonzentration von Bedeutung (18). Wenn diese Flüssigkeiten stark gefärbt sind, kann die colorimetrische Bestimmung nicht direkt angewendet werden. In vielen Fällen kann man dann, ohne die Beschaffenheit der zu untersuchenden Flüssigkeit viel zu verändern, dieselbe mit etwas Kohle entfärben und dann die Bestimmung ausführen. Auch von anderen Flüssigkeiten ist die Kenntnis von p_H von Bedeutung.

Da z. B. die Wirkung der Vitamine in alkalischer Umgebung mehr als in saurer Lösung abnimmt, wiesen Mc Clendon und Sharp (19) darauf hin, daß es von Bedeutung ist, von den verschiedenen Säften der Nahrungsmittel den Wasserstoffexponenten zu kennen. Von Clark und Lubs (23) sind bereits verschiedene Stoffe untersucht und darin folgende Werte gefunden worden:

Substanz	p_H (bei Zimmertemperatur)	nach Sterilisierung im Autoklaven
Molken	1,64—2,56	—
Essig	2,36—3,21	—
Äpfelsaft	3,76—5,65	3,8
Pflaumensaft	4,12—9,44	4,3
Bierwürze	4,91—8,55	—
Wurzelsaft	5,21—9,27	5,2
Gurkensaft	5,08	5,1
Schnittbohnensaft	5,23—8,63	5,2
Bananensaft	4,62	4,6
Kartoffelsaft	6,06—9,44	6,1
Saft von süßen Kartoffeln	5,80—8,73	—
Ahornsaft	6,75—6,8	—
Rübensaft.	6,07—8,75	6,1

Ferner geben sie an, daß in der Literatur folgende Werte zu finden sind:

	p_H			p_H
Muskelsaft	6,8	Traubensaft		3,0—3,3
Pankreasextrakt	5,6	Apfelsinensaft		3,1—4,1
Milch	6,6—7,6	Rhabarbersaft		3,1
Mehlauszug	6,0—6,5	Erdbeersaft		3,4
Bier	3,9—4,7	Ananassaft		3,4—4,1
Wein	2,8—3,8	Tomatensaft		4,2
Citronensaft	2,2	Pflanzenzellsaft		5,3—5,8
Kirschensaft	2,5			

Auch Mc Clendon und Sharp (19) bestimmten p_H von einzelnen Saftsarten und fanden, daß dieser durch Kochen nicht nennenswert verändert wird.

Von besonderer Bedeutung ist die Kenntnis der [H˙] von Milch sowohl in bezug auf die Tauglichkeit derselben als in bezug auf ihre Verwendung zur Käserei. — Morres (20) wies darauf hin, daß die Alkoholprobe für die Beurteilung von Milch nicht genügt. Er fügt darum gleichzeitig einen Indicator hinzu, nämlich Alizarin, und beobachtet die Farbe. Diese Probe ist bekannt unter dem Namen Alizarinprobe. Sie wurde durch Devarda (21) sehr ungünstig kritisiert. Ohne Alkohol erhält man viel besser einen Eindruck des Säuregrades der Milch. Als Indicator gebrauchte ich Phenolsulfophthalein (Phenolrot), das durch normale Milch auf eine saure Zwischenfärbung (Rahmentinte mit Stich ins Rot) gefärbt wird. Mit Hilfe einer Farbskala kann man dann die [H˙] von Milch beurteilen. Besser sind die Farben zu beurteilen, wenn man außer Phenolrot zudem ein wenig Kaliumoxalat zufügt. Die Reaktion wird dann stärker alkalisch. Baker und van Slyke (22) gebrauchen o-Kresolsulfophthalein (Bromkresolpurpur) als Indicator. Ein Tropfen einer gesättigten Lösung dieses Indicators gibt mit 3 ccm Milch eine gräulich-blaue Färbung. Diese Farbe wird heller durch Säuren und Erhitzen über den Pasteurisierungspunkt. Die Farbe ist dunkelblau, wenn der Milch Wasser oder alkalisch reagierende Salze zugesetzt sind, ebenso wenn sie von euterkranken (an Mastitis leidenden) Kühen stammt. Bei der Untersuchung von 350 Proben Marktmilch fanden Baker und van Slyke, daß ihre Methode bei der Prüfung von Milch viel Wert besitzt.

Auch kann man die Säure- oder Alkalibildung nach 24stündigem Stehen in einem sterilen Rohr mit der Bromkresolpurpurprobe prüfen.

7. Biochemische, bakteriologische und physiologische Untersuchung.

Bei allen biochemischen und bakteriologischen Prozessen spielt die Wasserstoffionenkonzentration eine große Rolle. Enzyme und Bakterien haben bei einer bestimmten [H·] eine optimale Wirkung, Eiweißstoffe werden bei einer bestimmten [H·] (dem isoelektrischen Punkt) vollständig ausgeflockt oder verändern ihr elektrisches Zeichen. Die [H·] von Körperflüssigkeiten wie Urin, Darmsaft, Mageninhalt, Blut schwankt unter normalen Umständen zwischen sehr engen Grenzen. In vielen Fällen wird man bei Untersuchungen dieser Art wieder von der colorimetrischen Bestimmung der [H·] nützlichen Gebrauch machen können. Wegen der großen Ausdehnung des Gegenstandes und der ausführlichen Literatur darüber (23) kann hier nicht ausführlich darauf eingegangen werden. Besonders sei darauf hingewiesen, daß Clark (23) in seinem Buche eine vollständige Literaturübersicht über die Bedeutung des p_H in den verschiedenen Zweigen der Chemie und besonders der Biochemie gibt.

Literaturverzeichnis zum fünften Kapitel.

1. Vgl. L. Michaelis, Die Wasserstoffionenkonzentration, S. 113. Berlin 1914.
2. Kohlrausch und Heydweiller, Ann. Physik (4) **20**, 512 (1909).
3. Tillmanns, Zeitschr. f. Unters. d. Nahrungs- u. Genußm. **38**, 1 (1919). A. Massink, De beteekenis der waterstofionenconcentratie in het algemeen beschouwd, met gegevens over onze Waterleidingen. Rapport van de Negende Conferentie over Voedingsmiddelenscheikunde 1920. J. Heymann, De beteekenis der waterstofionenconcentratie voor drinkwater voor een bepaald bedryf in zyn opeenvolgende stadia. Rapport voor de Negende Conferentie over Voedingsmiddelenscheikunde 1920. Kolthoff, Zeitschr. f. Unters. d. Nahrungs- u. Genußm. **41**, 97, 112 (1921); vgl. auch Greenfeld und Baker, Journ. Ind. Eng. Chem. **12**, 989 (1920).
4. Auerbach und Pick, Arb. a. d. Reichs-Gesundheitsamte **38**, 243 (1912).
5. Sörensen und Palitzsch, Biochem. Zeitschr. **24**, 387 (1910).
6. Ringer, Verhandelingen uit het Ryksinstituut voor het onderzoek der zee 1908.
7. J. König, Chemie der menschlichen Nahrungs- und Genußmittel III (3), 608 (1918).
8. Hintz und Grünhut, Deutsches Bäderbuch, bearbeitet unter Mitwirkung des Reichs-Gesundheitsamtes. Leipzig 1907.
9. Auerbach, Arb. a. d. Reichs-Gesundheitsamte **38**, 562 (1912).
10. L. Michaelis, Die Wasserstoffionenkonzentration, S. 115.

11. Salm, Zeitschr. f. physik. Chem. 57, 471 (1907); Zeitschr. f. Elektrochem. 10, 341 (1904); 12, 99 (1906); s. auch Tizard, Journ. of the chem. soc. 97, 2490 (1910); Eydman, Recueils des travaux chim. des Pays-Bas 25, 83 (1906); Kastle, Amer. Chem. Journ. 33, 46 (1905); Prideaux, Journ. of the chem. soc. 99, 1224 (1911); Veley, Journ. of the chem. soc. 22, 213 (1906); 23, 284 (1908).

12. Kolthoff, Pharmac. Weekbl. 57, 514 (1920).

13. Kolthoff, Recueils des travaux chim. des Pays-Bas 39, 672 (1920).

14. S. u. a. Noyes, Zeitschr. f. physik. Chem. 11, 495 (1893); Trevor, ebenda 10, 321 (1892); Smith, ebenda 25, 144, 193 (1898); Enklaar, Chem. Weekbl. 8, 824 (1911); Dhatta und Dhar, Journ. of the chem. soc. 107, 824 (1915); Mc Coy, Journ. of the Americ. chem. soc. 30, 688 (1908); Chandler, ebenda 30, 694 (1908).

15. Wood, Journ. of the chem. soc. 83, 568 (1903); 89, 1831 (1906); Veley, ebenda 93, 652, 2114, 2122 (1907); 95, 1, 758 (1908); auch 79, 863 (1901); 87, 26 (1905); Zeitschr. f. physik. Chem. 54, 561 (1906); Tizard, Journ. of the chem. soc. 97, 2477 (1910); Barratt, Zeitschrift f. Elektrochem. 16, 130 (1910); Denham, Journ. of the chem. soc. 93, 41 (1908); Ley, Zeitschr. f. physik. Chem. 30, 193 (1899); Bruner, ebenda 32, 132 (1900); Vesterberg, Zeitschr. f. anorg. Chem. 99, 11 (1917); Löfmann, ebenda 107, 241 (1919); Goodwin, Zeitschr. f. physik. Chem. 21, 15 (1896); Wells, Journ. of the Americ. chem. soc. 31, 1027 (1907); C. L. Wagner, Monatsh. f. Chem. 14, 91 (1913); Bjerrum, Zeitschr. f. physik. Chem. 59, 350 (1907); vgl. weiter Lunden, Samml. techn. Vorträge Herz 14, 32 (1908); Landolt-Bornstein-Roth, Tabellen 1912.

16. Kolthoff, Pharmac. Weekbl. 54, 1046 (1917); 57, 252, 474, 787 (1920).

17. Sharp und Hoagland, Journ. agric. research 7, 123 (1916); 12, 139 (1918); Hoagland, Journ. agric. research 18, 73 (1919); Hudig und Sturm, Verslagen Landbouwk. Onderzoekingen der Rykslandbouwproef-stations 23, 85 (1919); Knight, Journ. Ind. Eng. Chem. 12, 457 (1920); Blair und Prince, Soil science 9, 253 (1920); Gainy, Science 48, 139 (1918); Joffe, Soil science 9, 261 (1920); Morse, Journ. Ind. Eng. Chem. 10, 125 (1918); Stephenson, Soil science 8, 41 (1919); Wherry, Journ. Wash. acad. science 6, 672 (1916); 8, 589 (1918); 9, 305 (1919); 10, 217 (1920); Niels Bjerrum und Gjaldbaek, Den. Kgl. Veterinär-Og. Landbohojskole Aarsskrift 1919.

18. Duboux, Thèse Lausanne 1907; Dutoit et Duboux, Journ. Suisse Pharm. Chim. 133 (1910); Th. Paul, Zeitschr. f. Unters. d. Nahrungs- u. Genußm. 28, 509 (1914); Zeitschr. f. Elektrochem. 21, 80, 542 (1915); Ber. d. Dtsch. Chem. Ges. 49, 2124 (1916); Emsländer, Kolloid. Zeitschr. 13, 156 (1913); 14, 44 (1914); Zeitschr. f. d. ges. Brauwesen 37, 2, 16, 27, 37, 164 (1915); 38, 196 (1916); 42, 127, 135 (1919); Adler, Biochem. Zeitschr. 77, 146 (1915); Zeitschr. f. d. ges. Brauwesen 38, 129 (1916); Lüers, Zeitschr. f. d. ges. Brauwesen 37, 79, 334 (1914); Lüers, Biochem. Zeitschr. 114 (1920); über die Bedeutung von p_H bei Brot vgl. Cohn-Cathcart und Henderson, Biochem. Journ. 36, 581 (1918); Jessen-Hansen, Cpt. rend. hebdom. des séances de

Pacad. des sciences Carlsberg **10**, 170 (1911); **Wahl**, Journ. Ind. Eng. Chem. **7**, 773 (1915); über Essig s. **Brode** und **Lange**, Arb. a. d. Reichs-Gesundheitsamte **30**, 1 (1909).

19. **Mc Clendon** und **Sharp**, Journ. Biol. Chem. **38**, 531 (1919).
20. **Morres**, Zeitschr. f. Unters. d. Nahrungs- u. Genußm. **22**, 459 (1911).
21. **Devarda**, Milchwirtschaftl. Zentralbl. **43**, 154 (1914).
22. **Baker** en **van Slyke**, Journ. Biol. Chem. **40**, 357 (1919); s. auch **Allemann**, Biochem. Zeitschr. **45**, 346 (1912); **Clark**, Journ. of med. research **31**, 431 (1915); **Tillmans** und **Obermair**, Zeitschr. f. Unters. d. Nahrungs- u. Genußm. **40**, 23 (1920).
23. **L. Michaelis**, Die Wasserstoffionenkonzentration. Berlin 1914, wo Literatur angegeben ist; **Clark** en **Lubs**, Journ. of bacteriol. **2**, 1, 109, 191 (1917); besonders jedoch **W. M. Clark**, The Determination of Hydrogen-Ions (Baltimore 1920), wo die ganze Literatur der letzten Zeit zusammengestellt ist.

Sechstes Kapitel.

Indicatorpapiere.

1. Anwendung der Indicatorpapiere.

Ebenso wie die Indicatorlösungen, haben die Papiere den Zweck, die Reaktion einer Flüssigkeit anzuzeigen. Wie wir sehen werden, hängt die Empfindlichkeit des Papiers von so vielen Umständen ab, daß man mit demselben im allgemeinen nicht genau die H-Ionenkonzentration bestimmen kann. Bei Puffermischungen kann man p_H angenähert mit Indicatorpapieren bestimmen (s. S. 117). Bei qualitativen Versuchen empfiehlt sich die Anwendung öfters; u. a. bei der Untersuchung von Gasen auf saure oder basische Bestandteile (z. B. Ammoniak, Essigsäure usw.). Ferner bedient man sich der Reagenspapiere bei der qualitativen Metalluntersuchung. Bei bestimmten Arbeiten soll [H·] zwischen bestimmten (wenn auch weiten) Grenzen liegen. So muß die Wasserstoffionenkonzentration bei der Präzipitation der Kupfergruppe ungefähr 0,02—0,05 n betragen, damit Zink noch nicht (oder fast nicht!) mit niederschlägt, und Blei und Cadmium fast vollständig. Man kann diesen Säuregrad auf Methylviolettpapier einstellen. Ferner soll bei der Präzipitation von Eisen, Aluminium und Chrom als basischen Acetaten und Formiaten [H·] gleich 10^{-5} bis 10^{-6} sein. Deshalb wird die zu untersuchende Lösung so lange neutralisiert, bis die Reaktion auf Kongopapier nicht mehr und auf Lackmus noch sauer ist. Für die Untersuchung von

Arzneimitteln haben die Indicatorpapiere eine Bedeutung bei der Identifikation. Starke Mineralsäuren reagieren auf Methylviolettpapier sauer, mäßig starke Säuren auf Kongopapier, und sehr schwache Säuren auf Lackmus- oder Azolithminpapier. Starke Basen reagieren alkalisch auf Curcuma- oder Tropäolin-0-Papier, mäßig starke Basen auf Phenolphthaleinpapier und sehr schwache Basen auf Lackmus- oder Azolithminpapier. In der quantitativen Analyse werden die Reagenspapiere nicht viel verwendet, sie sind dazu im allgemeinen auch nicht zu empfehlen (1). In stark gefärbten Flüssigkeiten, wie in Fruchtsäften, Wein u. a. kann man keine Indicatorlösung verwenden, mit den Papieren erhält man jedoch gewöhnlich auch einen unscharfen Umschlag. Besonders ist dies der Fall, wenn die zu titrierende Lösung noch Puffermischungen enthält, wenn das Papier schon anfängt, die Farbe zu ändern. In diesen Fällen kann man die Titration besser nach anderen Methoden ausführen (mit der Wasserstoffelektrode oder konduktometrisch oder spektroskopisch (2)). Auch für die Bestimmung von schwachen Säuren (wie Essigsäure) neben starken Säuren sind Indicatorpapiere nicht zu empfehlen. Nach der Vorschrift von Glaser (3) erhält man einen unscharfen Umschlag.

2. Empfindlichkeit der Indicatorpapiere.

Die Empfindlichkeit von Reagenspapieren hängt von verschiedenen Umständen ab, welche wir unten näher besprechen werden. Zu bemerken ist, daß die Empfindlichkeit immer kleiner ist als die von den Indicatorlösungen, wenn man sie mit starken Säuren oder Basen bestimmt. Wenn man Puffermischungen gebraucht, so zeigt das Reagenspapier jedoch dieselbe Empfindlichkeit wie die korrespondierende Indicatorlösung.

a) Art des Papiers. Geleimtes Papier wird im allgemeinen die Reaktion schärfer anzeigen als Filtrierpapier, weil der aufgebrachte Flüssigkeitstropfen sich nicht so stark verteilt, so daß die Reaktion auf einem kleineren Raum eintritt. Wenn man gefärbte Flüssigkeiten prüfen will, so ist Filtrierpapier vorzuziehen, zumal wenn die Farbe der Flüssigkeit und die von einer der Indicatorformen gleich sind. Das Papier verursacht durch seine Capillarwirkung eine Trennung in Farbstoff und farblose Flüssigkeit, wenn der Farbstoff nämlich basischen Charakter hat. In diesem Falle sehen wir die Reaktion am Rande des Tropfens deutlicher hervortreten. Die Empfindlichkeit des geleimten Papieres ist viel geringer als die des Filtrierpapiers, wie Kolthoff (4) untersucht hat. Die Ursache ist wahrscheinlich, daß geleimtes Papier wenig Farbstoff aufnimmt. Die Empfindlichkeit von einigen geleimten Papieren findet man in untenstehender Tabelle (+ bedeutet schwache Reaktion; — keine Reaktion).

Empfindlichkeit des geleimten Papiers.

Indicator	10^{-3} n-HCl	$5 \times 10^{-}$ n-HCl
Kongo	+	—
Dimethylamidoazobenzol	—	—
Lackmus (sehr schwach gefärbt) . . .	+	—

b) Art und Vorbehandlung des Filtrierpapiers. Wegen des kolloidalen Charakters von vielen Indicatoren wurde untersucht, ob die Vorbehandlung des Papiers mit verschiedenen Reagenzien wie Salzsäure, Aluminiumchlorid, Natronlauge, von Einfluß auf die Empfindlichkeit war. Nach der Behandlung mit Salzsäure oder Aluminiumchlorid wurde so lange ausgewaschen, bis das Wasser nicht mehr sauer auf Methylrot reagierte; wenn mit Lauge behandelt war, wurde ausgewaschen, bis das Wasser auf Phenolphthalein nicht mehr alkalisch reagierte. Die so vorbehandelten Papiere, wozu verschiedenartige Filtrierpapiere verwendet wurden, sind mit Kongo-, Dimethylgelb-, Azolithmin- und Phenolphthaleinlösung (s. sub 4) behandelt. Es zeigte sich sodann, daß die Vorbehandlung praktisch ohne Einfluß ist auf die Empfindlichkeit, wenn man von reinem Papier ausgeht. Wenn dies nicht der Fall ist, ist Behandlung mit Salzsäure genügend. Auch die Art des Filtrierpapiers ist von wenig Bedeutung, am empfindlichsten wurde das Papier von Schleicher und Schüll „für Kapillaranalyse" befunden. Jedoch ist der Unterschied so gering, daß man praktisch wenig acht auf die Art des Papiers zu geben braucht.

c) Konzentration des Indicators im Papier. Ebenso wie beim Reagieren mit Indicatorlösungen hat auch bei den Papieren die Konzentration einen großen Einfluß auf die Empfindlichkeit. Wenn wir eine Indicatorsäure HJ betrachten, dann ist einfach abzuleiten (vgl. Kapitel II S. 25), daß

$$[H^{\cdot}] = \frac{[HJ]}{[J']} K_{HJ}.$$

Im Falle von Kongosäure stellt [HJ] die Konzentration der blauen Form vor, und [J'] die der roten. Wenn wir zwei Kongopapiere vergleichen, von denen das eine eine zehnmal größere Konzentration an Kongo enthält als das andere, so wird bei derselben [H·] das eine Papier auch eine zehnmal größere Konzentration [HJ] enthalten. Wenn die Säure, d. h. die blaue Form, empfindlich neben J' nachweisbar ist, so wird das konzentriertere Kongopapier auch empfindlicher für Säure sein als das verdünntere. Allgemein gilt letzteres natürlich nicht, es hängt nämlich von der Empfindlichkeit ab, mit welcher die saure Form neben der basischen nachweisbar ist. Für Indicatorbasen gelten dieselben Betrachtungen. Das Gesagte gilt natürlich nur dann, wenn die Papiere aus reinen Indicatorlösungen bereitet sind. Dies ist z. B. bei blauem und rotem Lackmuspapier nicht der Fall. Blaues Lackmuspapier enthält einen Überschuß an Base, rotes Lackmuspapier an Säure. Es ist also selbstverständlich, daß diese Papiere bis zu bestimmter Farbstoffkonzentration die H· oder OH' um so empfindlicher anzeigen, aus um so verdünnteren Lackmuslösungen sie hergestellt sind. Auch gilt dies noch ein wenig für violettes Lackmuspapier, weil letzteres immer noch wenig Ampholyte enthält.

Der Einfluß von der Konzentration an Kongo auf die Empfindlichkeit des Papiers findet man in folgender Tabelle.

Konzentration der Kongolösung, mit welcher das Papier durchtränkt wurde	0,01 n-HCl	0,005 n-HCl	0,001 n-HCl	0,0005 n-HCl	0,0002 n-HCl	0,0001 n-HCl
1% Kongo . .	+++ stark blauer Flecken	+++ stark blauer Flecken	+++ Flecken	+	+	—
0,1% Kongo . .	+++ stark blauer Flecken	+++	++ blauer Kreis, in der Mitte rot	+	+ schwach	—
0,01% Kongo . .	+	+	±	—	—	—
0,001% Kongo . .	—	—	—	—	—	—

Aus der Tabelle ergibt sich, daß man das empfindlichste Kongopapier erhält, wenn das Filtrierpapier mit 0,1% oder 1% Kongolösung durchnäßt wird. Die Empfindlichkeit reicht dann noch bis 0,0002 n-HCl. Das 0,1 %ige Kongopapier ist am meisten zu empfehlen, weil die Farbänderung leicht zu sehen ist.

Bei Lackmus- und Azolithminpapier steigt die Empfindlichkeit, wenn die Konzentration des Indicators geringer wird. Dies ergibt sich auch aus folgender Tabelle. Das gewöhnliche Papier ist bereitet aus 1 %igen Lösungen.

Einfluß der Konzentration von Lackmus oder Azolithmin auf die Empfindlichkeit des Papiers.

Beschreibung des Papiers	Konzentration HCl				
	10^{-3} n	5×10^{-4}	2×10^{-4}	10^{-4}	5×10^{-5}
Blaues Lackmus 1%	+ +	—	—	—	—
„ „ 0,1 „	+ + +	+ +	+	—	—
Violettes Lackmus	+ + +	+ +	±	—	—
Azolithmin 1%	+ + +	+ + +	+ +	÷	—
„ 0,1 „	+ + +	+ + +	+ +	÷	—

Beschreibung des Papieres	Konzentration NaOH			
	10^{-3} n	4×10^{-4} n	2×10^{-4} n	10^{-4} n
Rotes Lackmus 1%	+ +	+ +	+	—
„ „ 0,1 „	+ +	+ +	÷	—
Violettes Lackmus	+ +	+ +	÷	—
Azolithmin 1%	+ + +	+ + +	+ +	÷
„ 0,1 „	+ + +	+ + +	+ +	÷

Bei den Empfindlichkeitsbestimmungen mit Lauge soll man für die Verdünnung ganz reines, jedenfalls absolut kohlensäurefreies Wasser benutzen, sonst findet man eine viel geringere Empfindlichkeit, als in der Tat vorhanden ist.

Aus den Versuchen ergibt sich, daß das empfindlichste Reagens für starke Säuren und Basen Azolithminpapier ist, das aus 0,1 %iger Indicatorlösung bereitet ist. Man kann damit die Anwesenheit von 10^{-4} n-Salzsäure und Natron nachweisen. Auch für die schwächeren Säuren und Basen ist es das beste Papier.

Für Methylviolettpapier gilt dasselbe, wie gesagt, für Lackmus. Wenn es aus zu konzentrierten Lösungen bereitet ist, ist es fast nicht mehr brauchbar. Die Farbe des Papiers soll hellviolett sein; man erhält es so, indem man von einer 0,4 °/₀₀igen Methylviolettlösung ausgeht. 0,01 n-Salzsäure färbt dieses Papier noch eben violett-blau, 0,1 n-HCl blau-grün und n-HCl gelb-grün.

Das Phenolphthaleinpapier verhält sich anders als die anderen Papiere. Es ist gleichgültig, ob das Papier vorbehandelt ist, der aufgesetzte Tropfen bleibt auf dem Papier liegen und diffundiert nicht, oder nur sehr langsam. Für die Bereitung des Papiers wurde $1\,^0/_0$ und $0,1\,^0/_0$ alkoholische Phenolphthaleinlösung verwendet. Wahrscheinlich sind diese Konzentrationen noch so groß, daß der Indicator beim Trocknen in den Capillaren des Papiers auskrystallisiert. Weil nun der Tropfen einige Zeit liegen bleibt, dauert es verhältnismäßig lange, bevor die alkalische Reaktion wahrnehmbar ist. Schneller erhält man ein Resultat, wenn man mit einem Stäbchen die Berührung zwischen Flüssigkeit und Papier befördert. Das Phenolphthalein löst sich dann.

Die Reaktion spielt sich also im Tropfen ab und nicht im Papier; wir könnten sie also auch in einem Capillarrohre vor sich gehen lassen. Die Empfindlichkeit des Phenolphthaleinpapiers ist, wie man leicht verstehen kann, dieselbe wie die der Indicatorlösung. So gab eine 0,0001 n-Natronlaugelösung mit dem Papier noch eine schwache Rosafärbung. Der Vorteil des Phenolphthaleinpapiers ist, daß man nach dem Aufsetzen des Tropfens keine Capillarerscheinungen wahrnimmt, wodurch die Beurteilung viel schärfer wird. Erst nach einiger Zeit diffundiert der Tropfen, und dann verschwindet die rote oder rosa Farbe des Indicators schließlich.

Auch bei anderen Papieren spielt die Konzentration des Indicators eine Rolle. In der Tabelle am Ende dieses Kapitels (S. 122) findet man die geeignetste Konzentration an Indicatorlösung angegeben.

d) Art der Reaktionsanstellung. Gewöhnlich setzt man einen Tropfen der zu untersuchenden Lösung auf das Papier. Man kann letzteres auch in die Flüssigkeit hängen. Viel Vorteil bietet dies nicht; ich fand die Empfindlichkeit auf diese Weise immer geringer, als wenn man einen Tropfen auf das Papier setzte. Zudem soll man wegen der Capillarerscheinungen, infolgedessen der Farbstoff diffundiert, schnell beobachten. Bei längerem Einhängen löst sich ein Teil des Farbstoffes, was durch Elektrolyte befördert wird (Walpole (5)).

e) Beschaffenheit der Lösung: Bis jetzt haben wir die Empfindlichkeit des Indicatorpapiers immer beurteilt mit Lösungen von starken Säuren und Basen. Die Empfindlichkeit ist, ausgenommen bei Phenolphthaleinpapier, immer geringer als die der zugehörigen Indicatorlösungen. Wenn wir z. B. eine 0,0001 n-Salzsäurelösung mit einer Mischung von etwa 90 ccm 0,1 n-Essigsäure und 10 ccm 0,1 n-Acetat vergleichen, so geben beide Flüssigkeiten mit Dimethylgelb ungefähr dieselbe Farbe. Beurteilt man jedoch auf Azolithminpapier, so reagiert die Essigsäure-Acetatmischung scheinbar viel stärker sauer als die Salzsäurelösung; hieraus ergibt sich also, daß ein Indicatorpapier die wirkliche Acidität oder die Wasserstoffionenkonzentration nicht gut anzeigt. Wenn auf irgend eine Weise Wasserstoffionen fortgenommen werden (durch Adsorption vom Papier oder durch Verunreinigungen vom Indicator oder Papier), so werden keine H-Ionen nachgeliefert. Die Flüssigkeit wird hierdurch neutralisiert. Wenn man jedoch mit einer Puffermischung arbeitet, so haben Spuren von Verunreinigungen keinen Einfluß. Wenn man die Empfindlichkeit der Indicatorpapiere mit Puffermischungen beurteilt, so findet man daher, daß diese dieselbe ist als die der Indicatorlösungen. Bei starken Elektrolyten geben die Indicatorpapiere jedoch mehr einen Eindruck von der Titrieracidität als von der Wasserstoffionenkonzentration.

Ein Papier, das einigermaßen einen Eindruck gibt sowohl von der H·-Konzentration wie von der Titrieracidität, ist Kaliumjodid-Jodatpapier. Jodid und Jodat reagieren miteinander nach der Gleichung:

$$5\,J' + JO_3' + 6\,H^{\cdot} \rightarrow 3\,J_2 + 3\,H_2O.$$

Die Reaktion ist eine Zeitreaktion, und die Geschwindigkeit ist sehr abhängig von [H·]. Aus der Gleichung ergibt sich, daß bei der Reaktion H· fortgenommen werden. Wenn wir also wieder 0,0001 n-HCl mit der Essigsäure-Acetatmischung auf Jodid-Jodatpapier vergleichen, so werden beide Lösungen im ersten Augenblick dieselbe braune oder blaue Farbe geben. Das mit dem Puffergemische behandelte Papier wird allmählich dunkler gefärbt werden, weil die fortgenommenen H· nachgeliefert werden. Bei der Salzsäure ist dies nicht der Fall.

3. Bestimmung der H-Ionenkonzentration mit Indicatorpapieren.

Wir haben schon auf der vorigen Seite gesehen, daß Indicatorpapiere mit Puffermischungen ungefähr das Umschlagsintervall des betreffenden Indicators angeben. Bei Anwesenheit von einer genügenden Menge Regulatoren kann man dann auch den Wasserstoffexponenten ziemlich genau schätzen. Auf Anregung von Professor Sörensen hat Fräulein Hemple (6) dies versucht; sie fand Lackmoidpapier brauchbar zwischen p_H von 3,8—6,0. Ein Tropfen der zu untersuchenden Lösung wurde auf das Papier gebracht, sodann wurde die Farbe verglichen mit der, welche Puffermischungen hervorbrachten. Die Genauigkeit geht ungefähr bis 0,2—0,5 p_H herab. Haas (7) hat die Methode erweitert. Er gibt eine Vorschrift zur Bereitung von blauem und rotem Lackmoidpapier. Auf einige Streifen des Papiers bringt man einen Tropfen der zu untersuchenden Lösung. Zu gleicher Zeit macht man mit Puffermischungen von bekannter [H⋅] eine Reihe von Vergleichspapieren. Die Streifen werden langsam über Natronkalk (Kohlensäure muß ausgeschlossen werden) getrocknet. Während des Trocknens vergleicht man dann und wann die Farbe; die eigentliche Bestimmung geschieht, wenn die Papiere ganz trocken sind. Die Vergleichung der Farben geschieht von der Mitte des Tropfens ab, am Rande ist die Farbe meistens wegen der Diffusion verwischt. Durch Bedecken der Papiere mit gutem Paraffin kann man eine Reihe mehr haltbarer Standardpapiere herstellen. Außer Lackmoidpapier verwendet Haas noch andere Indicatoren:

$$
\begin{aligned}
&\text{Methylorangepapier} \ . \ . \ . \ \text{für } p_H = 2,4—3,8 \\
&\text{Bromphenolblaupapier} \ . \ . \ \text{,,} \quad \text{,,} \ = 3,4—4,6 \\
&\text{Alizarinpapier} \ . \ . \ . \ . \ . \ \text{,,} \quad \text{,,} \ = 4,0—6,0 \\
&\text{Azolithminpapier} \ . \ . \ . \ \text{,,} \quad \text{,,} \ = 6,2—8,0 \\
&\text{Neutralrotpapier} \ . \ . \ . \ \text{,,} \quad \text{,,} \ = \ \ 7—9
\end{aligned}
$$

Die Genauigkeit der Methode geht nach Haas von 0,4 bis 0,2 p_H herab. Für die Bestimmung von p_H in kleinen Flüssigkeitsmengen kann die Methode mit Vorteil verwendet werden. Jedoch soll man mit der Anwendung vorsichtig sein.

Ich habe die Methode zur Bestimmung von p_H mit Indicatorpapieren auch untersucht. Die Ergebnisse seien hier nur kurz mitgeteilt. Im Gegensatz zu Haas fand ich, daß man den Tropfen im allgemeinen nicht eintrocknen lassen muß, denn die Farbe wird dann sehr undeutlich und geringe Unterschiede sind in dieser Weise schwer zu erkennen. Weiter ist es am besten, den Tropfen nicht mit einem Glasstäbchen, sondern mit einer Capillare auf das Papier zu bringen. So kann man mit 10—20 cmm Flüssig-

Art des Papiers	Konzentration d. Indicatorlösung	Anwendbar zwischen	Wahrnehmungszeit nach Aufbringen des Tropfens	Genauigkeit und Bemerkungen
Kongo (gehärtetes Papier)	0,1%	$p_H = 2{,}5{-}4{,}0$	innerhalb 5 Min.	ungefähr 0,2 p_H. Beim Eintrocknen wird der blaue Fleck wieder rot.
Methylorange . . .	0,2%	$p_H = 2{,}6{-}4{,}0$	nach 2 Min.	ungefähr 0,2 p_H, schnell beurteilen. Kongopapier im allgemeinen besser, Einfluß Verdünnung groß
Alizarin (gehärtetes Papier)	0,1%	$p_H = 4{,}6{-}5{,}8$	nach 5 Min.	ungefähr 0,2 bis 0,3 p_H
Blaues Lackmoidpapier		$p_H = 4{,}6{-}6{,}0$	„ 5—10 Min.	0,2—0,3 p_H
Brillantgelbpapier	0,2%	$p_H = 6{,}8{-}8{,}5$	„ 5—60 Min.	0,2 p_H, Bei Anwesenheit von Borsäure (Puffermischung) darf man nicht eintrocknen lassen.
Rotes Lackmus . . Blaues Lackmus . Azolithmin	1%	$p_H = 6{,}6{-}8{,}0$ $p_H = 6{,}0{-}8{,}0$ $p_H = 5{,}5{-}8{,}0$	„ 5—60 Min.	0,2 p_H. Bei Anwesenheit von Borsäure nicht eintrocknen lassen
α-Naphtholphthalein (Capillarpapier) .	0,2%	$p_H = 8{,}2{-}9{,}5$	„ 5 Min.	0,2 p_H
Curcumapapier . .	0,1%	$p_H = 7{,}5{-}9{,}5$	„ 10 Min.	0,2 p_H. Bei Anwesenheit von Borsäure nicht eintrocknen lassen.

keit auskommen. Im allgemeinen ist es am besten, gehärtetes Papier zu gebrauchen; auch Filtrierpapier von Schleicher und Schüll für Capillaranalyse ist oft für den Zweck sehr geeignet. Von großer Bedeutung ist auch die „Intensität" der Pufferwirkung. Wenn man z. B. eine Phosphatmischung von $p_H = 7{,}0$ zehnmal verdünnt und die Farbe auf rotem Lackmuspapier beurteilt, so ist die unverdünnte Lösung scheinbar viel stärker alkalisch, als die verdünnte Lösung. Es ist zu empfehlen, als

Vergleichslösungen immer Puffermischungen anzuwenden, deren Pufferwirkung ungefähr dieselbe ist als die der zu untersuchenden Lösung. Dann geht die Genauigkeit der Methode bis ungefähr auf 0,2 p_H. Für die schnelle Untersuchung von Blutserum und Harn dürfte die Methode von Bedeutung sein. Wenn die zu untersuchende Lösung sehr flüchtige Säuren enthält (z. B. Kohlensäure) und die Menge der nicht flüchtigen Säuren vernachlässigbar ist, dann ist die Methode nicht zu verwenden.

Auf Einzelheiten kann nicht eingegangen werden (vgl. Kolthoff [8]). In der Tabelle auf S. 119 sind Indicatorpapiere angegeben, welche nach meinen Befunden gut anwendbar sind.

4. Capillarerscheinungen bei Reagenspapieren.

Die Capillarerscheinungen im Filtrierpapier sind schon öfters studiert worden. Bei Anstellung von Reaktionen auf Indicatorpapiere nimmt man sie auch wahr, besonders dann, wenn man sich der Empfindlichkeitsgrenze des Papiers nähert. Wenn man einen Tropfen 0,001 n-HCl auf Kongo setzt, bleibt der Kern des diffundierenden Tropfens rot, also alkalisch, darumhin bildet sich ein Kreis, welcher sauer reagiert und dann folgt noch ein Wasserkreis. Bei Dimethylgelb-, Azolithmin-, Lackmus- und anderen Papieren kann man gleiche Erscheinungen wahrnehmen. Das Verhältnis zwischen den Radien des Wasser- und Säurekreises ist auf eine bestimmte Weise abhängig von der Wasserstoffionenkonzentration (s. Holmgren und andere Literatur [9]). Die Erklärung der Kreisbildung ist folgende: Das ganze Stück Papier ist bis zum sauren Kreise sauer; jedoch in der Mitte so wenig, daß die $[H^{\cdot}]$ nicht groß genug ist (wenn wir Kongopapier als Beispiel nehmen), die blaue Kongosäure zu bilden. Beim Aufsetzen des Tropfens diffundiert das Wasser am schnellsten, dann folgen die schnell beweglichen H-Ionen. So wird auf eine bestimmte Entfernung von der Mitte der Konzentrationsunterschied mit der ursprünglichen Lösung so groß, daß die Menge der adsorbierten H-Ionen genügend ist, um die saure Form des Indicators zu bilden. Es bildet sich dann der saure Kreis, der weiter als chemisches Filter wirkt und nur Wasser durchläßt.

Auch durch andere Ursachen können Capillarerscheinungen auftreten. So färbt eine Lösung von Ammonacetat rotes sowie blaues Lackmuspapier violett. Dennoch ist es deutlich, daß der Tropfen der Mitte mehr blau und am Rande mehr rot ist. Das

Ammoniak wird also vom Papier stärker festgehalten als die Essigsäure. Viel stärker sind die beschriebenen Erscheinungen, wenn man mit Bleiacetat die Reaktion anstellt. Auf einige Entfernung von der Mitte des Tropfens bildet sich zuerst ein blauer Kreis (Adsorption von Bleihydroxyd), darumhin diffundiert die Essigsäure, wodurch ein roter Kreis entsteht. Durch diese Erscheinungen läßt sich der Widerspruch erklären, der zwischen den verschiedenen Arzneibüchern besteht über die Reaktion von Bleiacetat. Mit Lackmuspapier kann man bei diesem Salze nicht mit Genauigkeit die Reaktion feststellen; letzteres soll geschehen mit Hilfe von Methylrotlösung. Bei hydrolytisch gespaltenen Salzen, wie Natriumacetat oder Ammoniumchlorid, läßt sich die saure oder alkalische Reaktion leicht mit Indicatorpapieren nachweisen.

5. Bereitung der Papiere.

Nach Glaser bereitet man die Indicatorpapiere auf folgende Weise: Starkes, weißes Filtrierpapier wird mit Salzsäure und Ammoniak gereinigt, dann mit destilliertem Wasser ausgewaschen und getrocknet. Nach Glaser eignet sich das Papier von Schleicher und Schüll Nr. 595 hierzu am besten. Das getrocknete Papier tränkt man mit der Indicatorlösung. Wenn man weißes, geleimtes Papier verwendet — wozu gutes Briefpapier am besten zu gebrauchen ist — wird letzteres mit der Lösung bestrichen. Die feuchten Papiere werden dann getrocknet, was am besten geschieht, indem man das Papier wie Wäsche auf Schnüren aufhängt und durch häufigeres Umhängen dafür sorgt, daß der Farbstoff sich möglichst gleichmäßig verteilt. Das Trocknen hat in Räumlichkeiten zu geschehen, welche gegen alkalische oder saure Dämpfe geschützt sind.

Blaues Lackmuspapier kann am besten nach der Vorschrift von Glaser (3) (S. 112) hergestellt werden, indem man Lackmuskuchen erst mit Alkohol auskocht. Der Rückstand wird getrocknet und mit kaltem Wasser ausgezogen. Zur Bereitung des blauen Papiers wird Filtrierpapier mit der wäßrigen Lösung getränkt und dann getrocknet. Zur Entfernung des freien Alkalis wird mit Wasser ausgewaschen, was am besten auf einer Glasplatte geschieht. (Besser kann man, bevor man das Papier mit der Lösung tränkt, den Überschuß an Alkali und Säure fortnehmen.)

Rotes Lackmuspapier bereitet man nach Glaser aus der sauren Tinktur, oder indem man das blaue Papier in verdünnte Schwefel-

Empfindlichkeitstabelle der Indicatorpapiere.

Art des Indicators	Konzentration Indicatorlösung, mit welcher das Papier getränkt wurde	Empfindlichkeit für		Bemerkungen
		HCl	NaOH	
Brillantgelb . .	1%	etwa 1,00 n		unscharf, mit n-HCl schwach grau
Methylviolett .	$0,4\%_{00}$	10^{-2} ,,		mit 10^{-2} n-HClblau; 10^{-1} n-HCl blau-grün; n-HCl grün-gelb
Methanilgelb . .	$0,2\%$	5×10^{-3} ,,		gelb — rot alk. sauer
Tropäolin 00 .	$0,2$,,	4×10^{3} ,,		
Dimethylgelb .	$0,2\%$ (Alkohol)	4×10^{-4} ,,		
Kongo	$0,1\%$ (Wasser)	2×10^{-4} ,,		
Blaues Lackmus	1%	10^{-3} ,,		
,, ,,	$0,1$,,	2×10^{-4} ,,		
Violettes ,,	1 ,,	4×10^{-4} ,,	5×10^{-5}	
Azolithmin . .	1 ,,	10^{-4} ,,	10^{-5}	
Rotes Lackmus	1 ,,		2×10^{-4}	
,, ,,	$0,1$,,		10^{-4}	
α-Naphthol-phthalein . .	$0,1$,,		5×10^{-5}	
Brillantgelb . .	1 ,,		10^{-5}	gelb — rotbraun ↓ ↓ sauer alkalisch
Phenolphthalein	1 ,,		10^{-5}	
,,	$0,1$,,		10^{-4}	
Curcuma . . .	$0,2$,,		10^{-3}	gelb — rotbraun ↓ ↓ sauer alkalisch
Tropäolin 0 . .	$0,2$,,		3×10^{-3}	gelb — rotbraun ↓ ↓ sauer alkalisch.

säure taucht und diese mit destilliertem Wasser auswäscht. Besser
kann man es jedoch aus der wäßrigen Lösung, mit welcher man auch
das blaue Papier herstellt, bereiten. Dies wird auch von Fresenius
und Grünhut (10) angegeben. Die wäßrige Lackmuslösung wird
so lange mit Schwefelsäure versetzt, bis die Farbe eben rot ist.
Das Papier wird mit dieser Lösung getränkt. Fresenius und
Grünhut kochen die angesäuerte Lösung eine Viertelstunde
unter Ersatz des verdampfenden Wassers. Schlägt hierbei der rote
Farbenton wieder in Violett oder Blau um, so stellt man ihn mit
Schwefelsäure wieder her, und fährt damit fort, bis der gewünschte

Farbton erreicht ist. Besser als rotes und blaues Lackmuspapier kann man das violette verwenden, mit dem man sowohl saure als alkalische Reaktion anzeigt. Die obengenannte wäßrige Lösung des gereinigten Lackmus wird mit Säure auf den richtigen Farbton eingestellt, sodann wird das Papier mit der Lösung getränkt. Für die Herstellung von den anderen Indicatorpapieren geht man von Lösungen von reinen Präparaten aus. Alle Indicatorpapiere sollen gegen Luft und Licht geschützt aufbewahrt werden. Licht entfärbt die meisten Papiere.

6. Empfindlichkeitsgrenze von Indicatorpapieren.

Die Empfindlichkeit ist nur von denjenigen Indicatorpapieren angegeben, welche praktisch gut verwendbar sind. So habe ich Versuche gemacht mit Lackmoid — p-Nitrophenol $1\,^0/_0$ und $0,1\,^0/_0$ — Neutralrot-, Methylrotpapier u. a., jedoch waren die Farbänderungen nicht scharf erkennbar.

Die nebenstehenden Indicatorpapiere sind hergestellt aus gewöhnlichem Filtrierpapier. Die Konzentration der Indicatorlösung, mit welcher das Papier getränkt war, ist in nebenstehender Tabelle angegeben.

Literaturverzeichnis zum sechsten Kapitel.

1. Gillespie und Hurst, Soil science **6**, 219 (1918); s. auch Gillespie und Wise, Journ. of the Americ. chem. soc. **40**, 796 (1918).

2. Über Titration mit der Wasserstoffelektrode vgl. Joel, H. Hildebrand, Journ. of the Americ. chem. soc. **35**, 847 (1913); L. Michaelis, Die Wasserstoffionenkonzentration (1904); E. B. R. Prideaux, The Theory and Use of Indicators. London 1917; W. M. Clark, The Determination of Hydrogen Ions. Baltimore 1920, wo mehrere Literatur angegeben ist. Über die konduktometrische Titration vgl. Kolthoff, Zeitschr. f. anorg. Chem. **111**, 1, 97, 155 (1920), wo andere Literatur angegeben ist. Für die spektroskopische Beobachtung des Umschlags vgl. Tingle, Journ. of the Americ. chem. soc. **40**, 873 (1918); Journ. Soc. chem. Ind. **37**, 117 (1918); Chem. Zentralbl. 1919, II, S. 469; Gautier und Coursaget, Cpt. rend. des séances de la soc. de biol. **81**, 733 (1918); Gautier, ebenda **82**, 999 (1919); Chem. Zentralbl. 1919, II, 39; 1919, IV, 1025.

3. Fritz Glaser, Indicatoren der Acidimetrie und Alkalimetrie. Wiesbaden 1901.

4. Kolthoff, Pharmac. Weekbl. **56**, 175 (1919).

5. Walpole, Journ. of biol. chem. **7**, 260 (1913).

6. Hemple, Cpt. rend. trav. Lab. Carlsberg **13**, 1 (1917).

7. Haas, Journ. of biol. chem. **38**, 49 (1919).

8. Kolthoff, Pharmac. Weekbl. **58**, 962, (1921).

9. Capillarerscheinungen in Papier: vgl. Goppelsroeder, Neue Capillar-
und capillaranalytische Unters.; Verhandl. d. Ges. dtsch. Naturforsch.
u. Ärzte. Basel 1907; Wo. Ostwald, Kolloid. Zeitschr., Suppl.-
Heft II, 20 (1908); Freundlich, Capillarchemie 156; Lucas, Kolloid.
Zeitschr. 23, 15 (1918) und später; Hans Schmidt, Kolloid. Zeitschr.
13, 146 (1913); Journ. of biol. chem. 7, 231 (1913); 24, 49 (1919); Holmgren, Biochem. Zeitschr. 14, 181 (1908); Krulla, Zeitschr. f. physik.
Chem. 66, 307 (1909); Skraup, Monatsh. f. Chem. 30, 773 (1909);
31, 754, 1067 (1910); 32, 353 (1911); Malarski, Kolloid. Zeitschr. 23,
113 (1918).
10. Fresenius und Grünhut, Zeitschr. f. anal. Chem. 59, 233 (1920).

Siebentes Kapitel.

Theorie der Indicatoren.

1. Theorien über den Farbumschlag.

Über die Frage, welche chemische Veränderungen am Indicator
vor sich gehen, die die Farbänderung verursachen, gibt es zwei
Auffassungen: die Ionentheorie oder die Theorie von Wilhelm
Ostwald (1) und die **chromophore** oder chemische Theorie,
die gegenwärtig gewöhnlich die Theorie von Hantzsch genannt
wird. Abgesehen von diesen zwei Theorien hat Wolfgang Ostwald (2) vor einigen Jahren einen neuen Gesichtspunkt hervor-
gehoben. Er behauptete nämlich, daß der Farbumschlag von einer
Änderung im Dispersitätsgrade des Indicators begleitet sei. Aus
den Untersuchungen von Kruyt und Kolthoff (3) u. a. geht aber
hervor, daß dies nicht immer der Fall ist, so daß die Theorie von
Wolfgang Ostwald nicht allgemeine Gültigkeit besitzt. Selbst
wenn sich der Dispersitätsgrad mit der Farbe ändern sollte,
so würde die Änderung des Dispersitätsgrades noch keine „Ursache" sein von der Farbenänderung, sondern nur auf eine
Erscheinung hinweisen, die damit parallel läuft; außerdem ist nicht
einzusehen, warum bloß Wasserstoff- und Hydroxylionen einen
so großen Einfluß auf die Farbe und den Dispersitätsgrad haben.
Wir können bei der Besprechung der Theorien der Indicatoren
die Auffassung von Wolfgang Ostwald außer Beachtung lassen.
Es bleiben also noch die Theorien von W. Ostwald und von
Hantzsch zu besprechen. Nach W. Ostwald sind die Indicatoren
schwache Säuren oder schwache Basen, von denen die nicht dissoziierte Form eine andere Farbe besitzt als die Ionen; mit anderen

Worten: Ostwald schreibt den Farbumschlag eines Indicators dem Übergang in die Ionenform, und umgekehrt, zu. Wenn man daher eine Indicatorsäure HJ betrachtet, so ist dieselbe in wäßriger Lösung, wie folgt gespalten:

$$H\,J \rightleftarrows H^{\cdot} + J'$$

$$\frac{[H^{\cdot}]\,[J']}{[H\,J]} = K_{HJ}$$

$$\frac{[J']}{[H\,J]} = \frac{K_{HJ}}{[H^{\cdot}]}$$

$\dfrac{[J']}{[HJ]}$ bedeutet nun nichts anderes als das Verhältnis der Mengen der alkalischen und der sauren Form.

Hier steht also direkt angegeben, wie sich die Farbe ändert, wenn $[H^{\cdot}]$ größer oder kleiner wird (vgl. Kap. II). Der große Vorteil der Auffassung von Ostwald ist daher, daß wir nun quantitativ den Farbumschlag von Indicatoren studieren können. Wenn auch die ursprüngliche Auffassung von Ostwald nicht ganz richtig ist, so ist doch die obenstehende abgeleitete Gleichung stets anzuwenden, im Falle natürlich, daß der Indicator sich als einbasische Säure verhält. Ostwald selbst hat danach gestrebt, seine Theorie mehr annehmbar zu machen. Er weist darauf hin, daß alle Salze von gefärbten Anionen und farblosen Kationen oder umgekehrt dieselbe Farbe besitzen (z. B. Permanganate, Chromate u. dgl.). Aber in einigen Fällen wurden Abweichungen gefunden. Bei Kupfer und Kobaltsalzen verschwinden diese Anomalien beim Verdünnen. In der stärkeren Lösung sind komplexe Ionen anwesend, die beim Verdünnen in einfache Ionen gespalten werden. Eine genaue Untersuchung, die Ostwald an 300 Salzen anstellte, bestätigte seine Theorie anscheinend vollständig. Daß die elektrische Ladung für die Farbe ausschlaggebend ist, wird nach ihm noch bestätigt durch die sog. „Ionenisomerie“, die darin besteht, daß dieselben Stoffe mit verschiedenen Ladungen, wie Ferro und Ferri, Manganat und Permanganat usw., auch eine verschiedene Farbe besitzen.

Und doch sind sehr viele Einwände gegen die Theorie von Ostwald angeführt, worüber man eine Übersicht in der Monographie von Thiel (4) finden kann. Da viele Einwände übertrieben sind, will ich nur einzelne mit einigen Bemerkungen anführen:

a) Wenn man zu Phenolphthalein wenig Lauge zufügt, wird die Lösung rot, durch mehr Lauge wird sie wieder farblos. Diese Anomalie läßt sich jedoch auch nach Ostwald durch die Bildung von anderen Ionen erklären.

b) Das feste Salz von Phenolphthalein ist rot. Nun kann man nicht annehmen, daß das feste Salz auch noch dissoziiert ist, so daß es gemäß der Auffassung von Ostwald farblos sein müßte. Dasselbe gilt vom festen Salz des p-Nitrophenols. p-Nitrophenol ist in saurer Lösung farblos, in alkalischer gelb. Das feste Salz müßte, da es nicht dissoziiert ist, farblos sein, während es in Wirklichkeit gelb ist (vgl. hierzu S. 137).

c) Der schwerste Einwand gegen die Auffassung von Ostwald liegt darin, daß einzelne Farbumschläge deutliche Zeitreaktionen sind; dies ist u. a. bei Tropäolin 000 (Manda (5)), Hämatein (Salm und Friedenthal (6)) und Phenolphthalein[1]) (Wegscheider (7)) der Fall. Wenn der Umschlag allein dem direkten Übergang der ungespaltenen Säure in die dissoziierte Form zuzuschreiben wäre, müßte der Umschlag stets sofort eintreten, da Ionenreaktionen stets momentan verlaufen. Der langsame Umschlag deutet also darauf hin, daß molekulare Reaktionen im Spiele sind.

d) Hantzsch (8) und Hantzsch und Robertson (9) untersuchten die Beziehungen zwischen dem Beerschen Gesetz und der Konzentration von gefärbten Elektrolyten. Bei gefärbten Salzen stimmte das Beersche Gesetz vollkommen, obwohl sie die Konzentrationen soviel wie möglich variierten. Aber auch in nichtwäßrigen Lösungen, wie in Methylalkohol, Äthylalkohol, Pyridin, Aceton, Amylalkohol, konzentrierter Schwefelsäure wurden einzelne Stoffe untersucht, und auch für diese Lösungen war das Beersche Gesetz vollgültig. Wenn nun die Ionen eine andere Farbe hätten als die nicht dissoziierte Verbindung, dann dürfte das nicht der Fall gewesen sein, da sich besonders in nicht wäßrigen Lösungen die Dissoziation stark mit der Konzentration ändert. Sie haben also gezeigt, daß die Ionen und die undissoziierte Verbindung dieselbe Farbe haben. Dieser Schluß stimmt jedoch nicht mit Untersuchungen überein, die in den letzten Jahren in

---

[1]) Der langsame Farbumschlag von Phenolphthalein ist einem Kohlensäuregehalt der Lösung zuzuschreiben. Arbeitet man mit kohlensäurefreien Lösungen, dann ist der Farbumschlag scharf und die Farbe geht beim Stehen nicht mehr zurück.

Amerika von H. C. Jones und Mitarbeitern ausgeführt worden sind.

Aus den Beispielen geht jedoch hervor, daß die Theorie von Ostwald in ihrer einfachen Form nicht länger als Erklärung des Indicatorumschlages angesehen werden kann. Sie ist denn auch gegenwärtig durch die chromophore Theorie verdrängt, obgleich ich sofort darauf aufmerksam machen will, daß diese Theorie allein noch keine Erklärung des Umschlages des Indicators gibt, sondern nur auf eine Tatsache hinweist, die zugleich mit dem Farbumschlag auftritt.

2. Chromophore Theorie.

Der Ursprung der chromophoren Theorie geht auf Bernthsen (10) und Friedländer (11) zurück, die ungefähr gleichzeitig und unabhängig voneinander angaben, daß Phenolphthalein, das in saurer Lösung farblos ist und die Konstitution eines Lactons besitzt, in alkalischer Lösung ein rotes Salz bildet, das nicht von einem Phenol abgeleitet ist, sondern eine chromophore Chinongruppe enthält. Der Farbumschlag ist hier von einer Konstitutionsänderung begleitet. Später haben hauptsächlich Hantzsch und seine Schüler diese Theorie ausgearbeitet und ermittelt, daß bei jeder Farbänderung auch die Konstitution sich ändert und daß bei unveränderter Konstitution auch die Farbe konstant bleibt. Indessen sei darauf hingewiesen, daß der völlig scharfe Beweis in vielen Fällen noch nicht geliefert ist, da der Nachweis der Konstitutionsänderung zuweilen von sehr vielen Schwierigkeiten begleitet ist.

Besonders bei Nitroparaffinen und Nitrophenolen ist die Beziehung zwischen Farbe und Konstitution durch Hantzsch und seine Schüler nachgewiesen worden. Diese Stoffe sind in alkalischer Lösung gelb gefärbt, in saurer farblos. Nun wiesen Hantzsch u. a. beim Phenylnitromethan nach, daß die Bildung des Salzes aus der Säure und umgekehrt der Säure aus dem Salze eine langsame Zeitreaktion ist. Wenn eine Lösung des Salzes mit der äquivalenten Menge Säure versetzt wurde, blieb die Farbe stark gelb, während die Leitfähigkeit groß war. Dies letzte wies darauf hin, daß eine starke Säure in der Lösung vorhanden war. Wenn man nun die Lösung stehen ließ, wurde die gelbe Farbe je länger desto schwächer, und gleichzeitig nahm die Leitfähigkeit ab, bis die Farbe schließlich sich nicht mehr änderte und die Leitfähigkeit konstant blieb. Die starke Säure war also in einen neutralen Stoff (oder möglicherweise in eine schwache Säure) übergegangen, mit anderen Worten, wir haben hier einen Fall von der Bildung einer pseudo-Säure und der aci-Verbindung. Man nennt nämlich eine starke Säure, die aus einem Stoffe der selbst keine oder nur eine sehr schwache Säure ist, durch molekulare Umwandlung entsteht, eine aci-Verbindung. Die abgeleiteten Salze und Ester heißen aci-Salze und aci-Ester. Der Stoff, woraus die aci-Verbindung entstanden ist, heißt eine Pseudo-Säure. In derselben Weise spricht man von pseudo-Basen und baso-Verbindungen.

Die aci-Verbindung von Phenylnitromethan geht also in saurer Lösung langsam in die pseudo-Verbindung über. Gleichzeitig ändert sich die Farbe von gelb bis beinahe farblos.

Hantzsch zeigte nun, daß die aci-Verbindung die folgende allgemeine Konstitution besitzt

$$ORN\!\!<^{O}_{OH}$$

aci-Verbindung, gelb,

während die Pseudo-Verbindung die folgende Konstitution hat:

$$RNO_2OH$$

pseudo-Verbindung, farblos.

Es ergab sich nun, daß in saurer Lösung die aci-Verbindung nicht vollständig in die pseudo-Verbindung umgesetzt wird, sondern daß schließlich ein Gleichgewicht zwischen beiden Stoffen gebildet wird.

$$\text{aci} \rightleftarrows \text{pseudo} \quad \text{oder}$$

$$ORN\!\!<^{O}_{OH} \rightleftarrows RNO_2OH$$

gelb　　　　　　farblos

Wenn man Lauge zusetzt, wird die aci-Verbindung in das aci-Salz übergeführt, wobei also das Gleichgewicht nach links verschoben wird und die Farbe mehr gelb wird.

Hieraus geht hervor, daß beim Übergang in die Salzform keine Ionen der farblosen pseudo-Verbindung gebildet werden, sondern daß diese erst umgelagert werden muß in die aci-Verbindung, und daß von dieser letzteren die gefärbten Ionen gebildet werden.

Hantzsch hat ferner noch Beweise geliefert, daß diese aci-
und pseudo-Verbindung existiert, indem er von beiden Ester
ableitete, die im ersten Falle gelb, im zweiten Falle farblos waren.

So hat Hantzsch auch die Beziehungen zwischen pseudo-
Basen und baso-Verbindungen aufgeklärt. Wenn man ein Salz
von Krystallviolett alkalisch macht, erscheint die Farbe violett,
während die Leitfähigkeit groß ist. Wenn man die Lösung
stehen läßt, wird sie farblos und die Leitfähigkeit hat bis zu
einem Minimum abgenommen. Die baso-Verbindung, die eine
starke Base und violett gefärbt ist, hat wieder eine andere Konstitution als die farblose pseudo-Verbindung:

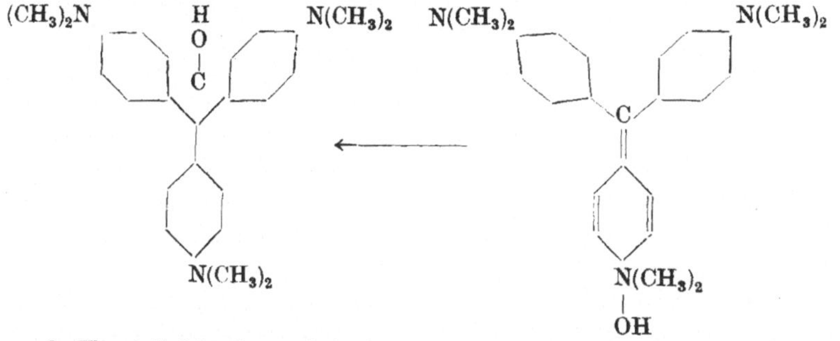

pseudo-Krystallviolettbase, farblos; baso-Verbindung; violett, in Lösung
in Lösung fast neutral. stark alkalisch.

3. Farbumschlag der Indicatoren nach der chromophoren Theorie.

p-Nitrophenol: Den Farbumschlag von p-Nitrophenol müssen
wir uns nach obiger Theorie also wie folgt vorstellen:

$$C_6H_4OHNO_2 \rightleftarrows OC_6H_5N\diagup_{OH}^{O} \rightleftharpoons OC_6H_5N\diagup_{O'}^{O} + H\cdot$$

farblos gelb

Mit Natronlauge ändert das Gleichgewicht sich dann nach rechts.

Phenolphthalein: Als Muster der Phthaleine wird hier
Phenolphthalein genommen, die anderen verhalten sich beinahe
analog.

Das Phenolphthalein selbst ist farblos und besitzt eine Lacton-
form. Beim Übergang in die Salzform bildet sich unter Änderung
der Konstitution eine Chinonverbindung. Wenn man aber sehr
viel Lauge zufügt, wird die Chinonverbindung wieder in eine

farblose Phenolcarbonsäure übergeführt. Dies wird durch die folgenden Formeln dargestellt:

Lacton: farblos, sauer   Chinon: rot, schwach alkalisch   Carbonsäure, farblos, stark alkalisch

Wenn wir bei geringer Alkalität arbeiten, haben wir es praktisch allein mit dem Gleichgewicht zwischen der Lacton- und Chinonform zu tun. Diese letztere verhält sich nun wieder als starke Säure. Durch den Laugenzusatz wird das Chinoide-Salz gebildet und das Gleichgewicht wird zugunsten der roten Komponente verschoben. (Siehe über die Konstitution auch die Untersuchungen von Acree und Mitarbeitern (1917; 1918; 1919).)

Dimethylamidoazobenzol. Als Muster aus der Serie der Azoindicatoren wird hier Dimethylamidoazobenzol genommen, das in alkalischer Lösung gelb ist und eine azoide Struktur besitzt, und in saurer Lösung rot ist und dann eine chinoide Struktur hat. Es bestehen indessen viele andere Formeln, besonders vom Methylorange, die hier jedoch nicht besprochen werden sollen. Im einfachsten Falle können wir den Farbumschlag durch folgende Formeln darstellen:

azoide F.: gelb: sehr schwache Base oder neutral   chinoide F.: rot: starke Base

Wenn man also eine alkalische Lösung von Dimethylamidoazobenzol ansäuert, wird das Gleichgewicht nach rechts verschoben, da die chinoide Verbindung in die Salzform übergeführt wird.

4. Neue Definition der Indicatoren.

Aus dem Obenstehenden geht deutlich hervor, daß wir die einfache Erklärung von Ostwald nicht länger als richtig annehmen dürfen. Nach der anderen Seite hin können wir allein durch die Änderung der Konstitution nicht so einfach die Beziehung zwischen der Farbe (also dem Verhältnis der sauren und alkalischen Form) und der Wasserstoffionenkonzentration angeben. Von Stieglitz (12) ist nun eine Verbindung zwischen der Ionentheorie und der chromophoren Theorie hergestellt worden, woraus hervorgeht, daß man doch die Beziehung zwischen dem Färbgrade und der Wasserstoffionenkonzentration berechnen kann, wenn man die Gleichung von Ostwald anwendet. Doch auch er verwirft als Erklärung des Umschlages die Theorie von Ostwald, weil diese an sich natürlich noch keine Erklärung der Farbänderung gibt, und nimmt die chromophore dafür an. Das entspricht nicht ganz meiner Ansicht. Die chromophore Theorie gibt keine Erklärung des Umschlages, sondern weist auf eine Erscheinung hin, die parallel mit der Farbänderung läuft. Zugleich mit der Farbänderung ändert sich auch die Konstitution, doch diese an sich ist nicht die Ursache der Farbänderung.

Mit dieser Behauptung soll den schönen Untersuchungen von Hantzsch, die für den organischen Chemiker von großer Bedeutung sind, kein Abbruch getan werden. Dennoch ist die Konstitutionsänderung nicht als Ursache dafür anzusehen, daß sich die Farbe verändert. Obwohl man die Farbenänderung bequem, die Konstitutionsänderung aber schwierig wahrnehmen kann, laufen doch beide Erscheinungen vollständig parallel. Wenn man umgekehrt die Änderung der Konstitution eines Indicators bequem wahrnehmen könnte, und die Farbenänderung aber schwierig, so dürfte man letztere doch noch nicht als Ursache der Zustandsänderung des Indicators ansehen. Zudem ist nach der Hantzschschen Auffassung nicht einzusehen, warum die Wasserstoffionen den Umschlag eines Indicators beherrschen.

Wir kommen also zu der Frage: Wodurch wird der Farbumschlag eines Indicators beherrscht? — Die Antwort hierauf lautet einfach: Durch das Gleichgewicht, das zwischen der aci- oder ionogenen Form und der pseudo- oder normalen Form besteht.

Wenn wir wieder von dem Beispiel p-Nitrophenol ausgehen, dann besteht in wäßriger Lösung ein Gleichgewicht zwischen der aci- und der pseudo-Form, wie es durch folgende Gleichung dargestellt wird:

$$\text{normal} \rightleftarrows \text{aci}$$

Bei eingetretenem Gleichgewicht gilt folgende Beziehung:

$$\frac{[aci]}{[normal]} = K \quad \ldots \ldots \ldots \ldots \quad (1)$$

$$[aci] = K \cdot [normal] \ldots \ldots \quad (2)$$

Die aci-Verbindung verhält sich als starke Säure und wird durch Lauge in das Salz übergeführt.

$$aci \leftrightarrows H^{\cdot} + A'$$

$$\frac{[H^{\cdot}] \cdot [A']}{[aci]} = K_{aci} \quad \ldots \ldots \ldots \ldots \quad (3)$$

Dieser K_{aci} stellt also die Dissoziationskonstante der aci-Säure dar. Aus der Gleichung (2) folgt nun, daß die Konzentration der aci-Säure gleich ist $K \cdot [normal]$, mit anderen Worten

$$\frac{[H^{\cdot}] \cdot [A']}{[normal]} = K_{aci} \cdot K = K_{HJ} \quad \ldots \ldots \quad (4)$$

Aus der Gleichung (4) folgt, daß

$$\frac{[A']}{[normal]} = \frac{K_{HJ}}{[H^{\cdot}]}.$$

Indessen bedeutet das Verhältnis $\dfrac{[A']}{[normal]}$ bei p-Nitrophenol nicht das der Endkonzentration der gelben zur alkalischen Form, weil die freie ungespaltene Säure [aci] auch gelb ist.

Die gesamte Konzentration der gelben Form ist also $[A'] + K$ [normal]. Wenn nun die Gesamtkonzentration des Indicators [HJ] ist, dann ist $[normal] = [HJ] - [A'] - [aci]$. Bei einer bestimmten $[H^{\cdot}]$ ist das Verhältnis der Konzentration der gelben zur farblosen Form

$$\frac{[A'] + K\,[normal]}{[normal]} = \frac{[A'] - K\,\{[HJ] - [A'] - [aci]\}}{[HJ] - [A'] - [aci]} = \frac{K_{HJ}}{H^{\cdot}}.$$

Wenn die aci-Säure so stark ist, daß wir annehmen können, daß sie vollständig gespalten ist, dann können wir die gewöhnliche Gleichgewichtsgleichung

$$normal \rightleftarrows H^{\cdot} + aci'$$

schreiben. Die abgeleitete Gleichung, die die Färbung beherrscht, erscheint dann einfach.

Verwickelter wird die Sache, wenn die normale Form sich auch merkbar als Säure verhält, also auch merkbar ein Salz bindet. Wir haben dann zwei Säuren:

$$HA \leftrightarrows H^{\cdot} + A' \qquad \frac{[H^{\cdot}] \cdot [A']}{[HA]} = K_{HA}.$$

$$HJ \leftrightarrows H^{\cdot} + J' \qquad \frac{[H^{\cdot}] \cdot [J']}{[HJ]} = K_{HJ}.$$

Aus diesen beiden Gleichungen ist abzuleiten, daß bei gleicher [H'] die folgende Beziehung besteht:

$$\frac{[A']}{[HA]} \cdot K_{HJ} = \frac{[J']}{[HJ]} \cdot K_{HA}.$$

Wenn nun [HJ] die Konzentration der aci-Form, [HA] die der pseudo-Form darstellt, dann ist die Konzentration der gelben Form [J'] + [HJ]. Die Konzentration der farblosen Form ist [A'] + [HA]. Außerdem ist [HJ] = K [HA]. Dann ist

$$[J'] = \frac{K \cdot [HA] \cdot K_{HJ}}{[H^{\cdot}]}.$$

Die Gesamtkonzentration der gelben Form ist also

$$\frac{K [HA] \cdot K_{HJ}}{[H^{\cdot}]} + K [HA].$$

Die einfachere auf S. 132 abgeleitete Gleichung (4) stellt die gewöhnliche Gleichung gemäß der Ostwaldschen Erklärung dar, nur ist K_{HJ} nicht die wahre, sondern die scheinbare Dissoziationskonstante des Indicators, da sie das Produkt der wahren Dissoziationskonstante und der Gleichgewichtskonstante zwischen der normalen und aci-Form ist. Diese Gleichgewichtskonstante liegt bei p-Nitrophenol sehr zugunsten der normalen Verbindung, so daß p-Nitrophenol scheinbar eine sehr schwache Säure ist. Bei o-Nitrophenol ist das Verhältnis bereits günstiger, so daß dieses sich bereits als stärkere Säure verhält. Bei Pikrinsäure ist demgegenüber das Verhältnis bereits so groß, daß in wäßriger Lösung viel von der aci- oder ionogenen Verbindung neben der pseudo-Verbindung bestehen kann. Sie verhält sich also als ziemlich starke Säure. Mit der zunehmenden scheinbaren Dissoziationskonstante muß die Intensität der Gelbfärbung der wäßrigen Lösungen ebenfalls zunehmen, da in der Lösung dann auch mehr von der aci-Form anwesend ist. Das ist auch tatsächlich der Fall. Pikrinsäure ist in wäßriger Lösung stark gelb, dagegen in organischen Ausschüttelungsmitteln farblos, also in der Pseudoform anwesend.

Auf dieselbe Weise, wie es bei p-Nitrophenol geschehen ist, können wir auch die Beziehungen zwischen der Farbe und der Wasserstoffionenkonzentration bei Phenolphthalein und ähnlichen Indicatoren ableiten. Hier besteht in wäßrigen Lösungen ein Gleichgewicht zwischen der Lactonverbindung L und der Chinonverbindung Ch.

$$L \leftrightarrows Ch$$

$$\frac{[Ch]}{[L]} = K$$

$$[Ch] = K \cdot [L] \quad \ldots \ldots \ldots \ldots \quad (5)$$

Die Chinonverbindung ist nun wieder in die Ionen gespalten:

$$Ch \leftrightarrows Ch' + [H^{\cdot}]$$

$$\frac{[H^{\cdot}] \cdot [Ch']}{[Ch]} = K_{Ch} \quad \ldots \ldots \ldots \quad (6)$$

$$\text{(Wahre Dissoziationskonstante.)}$$

Nun folgt aus (5), daß $[Ch] = K \cdot [L]$, also

$$\frac{[H^{\cdot}] \cdot [Ch']}{K \cdot [L]} = K_{Ch}.$$

$$\frac{[H^{\cdot}] \cdot [Ch']}{[L]} = K_{Ch} \cdot K = K_{HJ} \quad \ldots \quad (7)$$

Auch hier zeigt sich wieder, daß die Dissoziationskonstante des Indicators eine scheinbare Dissoziationskonstante ist und zusammengesetzt wird aus der wahren Dissoziationskonstante und der Gleichgewichtskonstante zwischen der aci- und der pseudo-Verbindung. In wäßriger Lösung liegt das Gleichgewicht zwischen L und Ch so ungünstig, daß die Lösung für unser Auge farblos ist. Durch Verschiebung des Gleichgewichtes mit Lauge tritt die rote Farbe auf.

Der Umschlag von Dimethylgelb u. dgl. wird durch die folgenden Gleichungen beherrscht:

$$Azo \leftrightarrows Chinoid$$

$$\text{gelb} \qquad \text{rot}$$

$$\frac{[Ch]}{[Azo]} = K$$

$$[Ch] = K \cdot [Azo] \quad \ldots \ldots \ldots \quad (8)$$

$$Ch \leftrightarrows Ch^{\cdot} + OH'$$

$$\frac{[Ch^{\cdot}] \cdot [OH']}{[Ch]} = K_{Ch} \quad \ldots \ldots \ldots \quad (9)$$

$$\text{(Wahre Dissoziationskonstante.)}$$

Aus (8) und (9) folgt, daß

$$\frac{[\mathrm{Ch}^{\cdot}] \cdot [\mathrm{OH}']}{\mathrm{K} \cdot [\mathrm{Azo}]} = \mathrm{K_{Ch}}$$

oder $$\frac{[\mathrm{Ch}^{\cdot}] \cdot [\mathrm{OH}']}{[\mathrm{Azo}]} = \mathrm{K_{Ch}} \cdot \mathrm{K} = \mathrm{K_{BOH}}.$$

(Scheinbare Dissoziationskonstante.)

Die abgeleiteten Gleichungen stimmen also in den verschiedenen Fällen vollständig mit der von Ostwald überein; die Unterschiede sind allein:

a) Die abgeleiteten Dissoziationskonstanten sind die Produkte der wahren Dissoziationskonstante und der Gleichgewichtskonstante zwischen der aci- (oder baso-) und der pseudo-Verbindung. Doch kann man ruhig die so abgeleitete scheinbare Dissoziationskonstante als Maßstab für die Stärke der Indicatorsäure oder -base ansehen. Es sind ja, wie nach den Untersuchungen der letzten Jahre wahrscheinlich gemacht ist, die meisten Dissoziationskonstanten scheinbar und stellen nicht die wahren Konstanten dar. Wenn wir z. B. die Dissoziationskonstante der Kohlensäure ansehen, dann ist diese:

$$\frac{[\mathrm{H}^{\cdot}] \cdot [\mathrm{HCO_3}']}{[\mathrm{H_2CO_3}]} = \mathrm{K_{H_2CO_3}} \quad \cdots \cdots \cdots (10)$$

Nun nimmt man an, daß $[\mathrm{H_2CO_3}]$ gleich der gesamten Kohlensäurekonzentration ist. Das ist unrichtig, weil der größte Teil als Anhydrid CO_2 anwesend ist. H_2CO_3 und CO_2 stehen miteinander im Gleichgewicht, mit anderen Worten

$$[\mathrm{H_2CO_3}] = \mathrm{K} \cdot [\mathrm{CO_2}].$$

Wenn wir dies in die Gleichung (10) einsetzen, finden wir, daß

$$\frac{[\mathrm{H}^{\cdot}][\mathrm{HCO'_3}]}{[\mathrm{CO_2}]} = \mathrm{K_{H_2CO_3}} \cdot \mathrm{K} = \mathrm{K}' = 3 \times 10^{-7}.$$

Diese $\mathrm{K}' = 3 \times 10^{-7}$ nennen wir nun die Dissoziationskonstante von Kohlensäure. In Wirklichkeit ist es die scheinbare Dissoziationskonstante. Die wahre Dissoziationskonstante ist viel größer, weil das Gleichgewicht zwischen CO_2 und H_2CO_3 sehr zugunsten von CO_2 liegt. Das Verhältnis $\dfrac{[\mathrm{CO_2}]}{[\mathrm{H_2CO_3}]}$ ist etwa 100, so daß die wahre Dissoziationskonstante der Kohlensäure ungefähr 100 mal größer ist als die scheinbare, also etwa 3×10^{-5}.

Dasselbe ist bei Ammoniak der Fall. Auch hier rechnen wir stets mit einer scheinbaren Dissoziationskonstante, da wir annehmen, daß alles nicht dissoziierte Ammoniak als NH_4OH anwesend sei, während wir nicht das Gleichgewicht

$$NH_4OH \leftrightarrows NH_3 + H_2O$$

in Rechnung setzen. Die wahre Dissoziationskonstante von Ammoniak wird also viel größer sein als die, mit der wir stets arbeiten.

Nach den letzten Auffassungen von Snethlage (13) ist es sogar fraglich, ob nicht alle Dissoziationskonstanten scheinbar sind und aus der wahren Dissoziationskonstante und der Gleichgewichtskonstante zwischen der ionogenen und der pseudo-Form zusammengesetzt sind.

Dies letztere wird u. a. durch eine Untersuchung, die Hantzsch mit Essigsäure und deren Deiivaten angestellt hat, bestätigt; daraus folgt nämlich, daß die Ester und Salze eine verschiedene Konstitution besitzen, während mit großer Wahrscheinlichkeit zu schließen ist, daß in der wäßrigen Lösung der Essigsäure ein Gleichgewichtszustand besteht zwischen zwei Formen, deren eine die Konstitution des Esters, die andere die des Salzes besitzt. Auch hier haben wir also ein Gleichgewicht:

$$\frac{\text{Ionogen}}{\text{Pseudo}} = K.$$

Wenn man also annimmt, daß alle nicht dissoziierte Essigsäure in wäßriger Lösung nur in einer Form anwesend sei, macht man einen Fehler, da man dann den Gleichgewichtszustand zwischen der ionogenen und der pseudo-Form nicht in Rechnung setzt. Die wahre Dissoziationskonstante der Essigsäure ist also viel größer als die, mit der wir immer rechnen.

b) Eine zweite Abweichung von der Ostwaldschen Erklärung besteht darin, daß nach meiner Erklärung die Ionen nicht dieselbe Konstitution zu haben biauchen wie die ungespaltene Säuren.

Wir kommen also zu einer neuen Definition der Indicatoren, und zwar zu folgender:

Indicatoren sind scheinbar schwache Säuren oder Basen, deren ionogene oder aci- (resp. baso-) Form eine andere Farbe und Konstitution besitzt als die pseudo- oder normale Verbindung.

An Hand dieser Definition können wir also die bei Indicatoren stattfindenden Reaktionen ruhig durch folgende Gleichungen darstellen

$$HJ \leftrightharpoons H^{\cdot} + J'$$
$$JOH \leftrightharpoons J^{\cdot} + OH',$$

worin J' und $J^{\cdot}$ eine andere Konstitution besitzen als HJ und JOH.

In den obenstehenden Gleichungen ist also angenommen, daß die aci- oder baso-Verbindungen so stark seien, daß sie als völlig gespalten anzusehen sind, mit anderen Worten

$$\text{Pseudo-Säure} \leftrightharpoons Aci\!\!\begin{array}{c} \diagup H^{\cdot} \\ \diagdown Aci'. \end{array}$$

Wenn wir nun berücksichtigen, daß die Dissoziationskonstante den scheinbaren Wert liefert, können wir auch schreiben:

$$\text{Pseudo} \leftrightharpoons H^{\cdot} + Aci'$$
$$\frac{[H^{\cdot}] \cdot [Aci']}{[\text{Pseudo}]} = K_{HJ}.$$

Dasselbe gilt auch für die Indicatorbasen.

Die neue Definition verstößt nun auch nicht mehr gegen die Tatsache, daß der Umschlag von Indicatoren eine langsame Zeitreaktion ist; in der Erklärung ist ja enthalten, daß ein Gleichgewicht zwischen der ionogenen und normalen Form besteht. Es ist nun sehr wohl möglich, daß das Gleichgewicht zwischen den beiden Formen sich langsam einstellt.

Überdies wird durch diese Definition erklärt, warum das feste Salz von Phenolphthalein rot ist und das feste Salz von p-Nitrotoluol gelb. Die Salze haben ja durchaus die Konstitution und demgemäß auch die Farbe der ionogenen Form, einerlei, ob sie völlig oder teilweise dissoziiert sind. Das stimmt auch mit der Untersuchung von Hantzsch (8) und Hantzsch und Robertson (9), wie zu Beginn dieses Kapitels erwähnt, überein, nämlich, daß das Beersche Gesetz bei gefärbten Salzen bei jeder Konzentration gültig ist. Denn die nichtdissoziierten Moleküle der Salze sind ionogen und haben dieselbe Farbe und Konstitution wie die Ionen.

Daß das Phenolphthalein durch ein Übermaß an Lauge wieder farblos wird, tut der Definition auch keinen Abbruch, da wir es hier mit zwei Gleichgewichten zu tun haben, nämlich

$$\frac{[\text{Lacton}]}{[\text{Chinon}]} = K_1$$

$$\frac{[\text{Chinon}]}{[\text{Carbonsäure}]} = K_2.$$

Durch ein Übermaß an Lauge wird das Gleichgewicht langsam nach der Carbonsäure hin verschoben.

Der einzige Unterschied mit der alten Definition von Ostwald besteht also darin, daß wir nicht sagen dürfen, daß die Ionen eine andere Farbe besitzen als die pseudo-Verbindung, sondern die ionogene Form. Hier schließt sich dann die chromophore Theorie an, die besagt, daß die ionogene Form auch eine andere Konstitution als die Normalform besitzt.

Primär ist indessen das Gleichgewicht

$$\text{Pseudo} \leftrightarrows \text{Ionogen,}$$

das den Umschlag des Indicators beherrscht.

Zusammenfassend können wir also sagen, daß nach der neuen Definition die im zweiten Kapitel abgeleiteten Gleichungen vollkommen richtig sind und daß auch kein Widerspruch mit der Hantzschschen Auffassung mehr besteht.

Literaturverzeichnis zum siebenten Kapitel.

1. Wilhelm Ostwald, Die wissenschaftliche Grundlage der analytischen Chemie.
2. Wolfgang Ostwald, Kolloid. Zeitschr. 10, 97, 132 (1912); Kolloid. Zeitschr. 24, 67 (1919); Kolloidchem. Beih. 10, 179 (1919); 12, 92 (1920). Vgl. auch Lüers, Kolloid. Zeitschr. 27, 123 (1920); Wiegner, Mitt. f. Lebensm.-Hyg. 11, 216 (1920).
3. Kruyt und Kolthoff, Kolloid. Zeitschr. 21, 22 (1917); vgl. auch Prideaux.
4. Thiel, Der Stand der Indicatorenfrage. Samml. Herz S. 43 (1911).
5. Handa, Ber. d. Dtsch. Chem. Ges. 42, 3182 (1909).
6. Salm en Friedenthal, Zeitschr. f. Elektrochem. 13, 127 (1907).
7. Wegscheider, Zeitschr. f. Elektrochem. 14, 512 (1908).
8. Hantzsch, Zeitschr. f. physik. Chem. 72, 362 (1910).
9. Hantzsch und Robertson, Ber. d. Dtsch. Chem. Ges. 41, 4328 (1908).
10. Bernthsen, Chemiker-Zeit. 1892, S. 1956.
11. Friedländer, Ber. d. Dtsch. Chem. Ges. 32, 575 (1899).
12. Stieglitz, Journ. of the Americ. chem. soc. 25, 1112 (1903).
13. Snethlage, Chem. Weekbl. 15, 168 (1918).
14. Hantzsch, Ber. d. Dtsch. Chem. Ges. 50, 1413 (1917).

Tabelle I.

Ionisierungsprodukt (Dissoziationskonstante) von Wasser bei verschiedenen Temperaturen.

	I	II	III	IV
0^0	$0,12 \times 10^{-14}$	$0,14 \times 10^{-14}$	—	$0,089 \times 10^{-14}$
18^0	$0,59 \times$ —	$0,72 \times$ —	$0,74 \times 10^{-14}$	$0,46 \times$ —
25^0	$1,04 \times$ —	$1,22 \times$ —	$1,27 \times$ —	$0,82 \times$ —
50^0	$5,66 \times$ —	$8,7 \times$ —	—	—
100^0	$58,2 \times$ —	$74 \times$ —	—	$48,0 \times$ —

I. Kohlrausch und Heydweiller (umgerechnet von Heydweiller, Ann. d. Phys. (4) 28, 512 (1909).
II. Lorenz und Böhi, Zeitschr. f. physik. Chem. 66, 733 (1909).
III. Michaelis, Die Wasserstoffionenkonzentration 1914, S. 8.
IV. Noyes und Mitarbeiter, Noyes, The electrical conductivity of aqueous solutions. Carnegie Institution 1907; Kanolt, Journ. of the Americ. chem. soc. 29, 1414 (1907); Noyes, Kato und Sosmann, Zeitschr. f. physik. Chem. 73, 20 (1910); vgl. auch Fales und Nelson, Journ. of the Americ. chem. soc. 37, 2769 (1915); Beans und Oakes, Ibid. 42, 2116 (1920).

Tabelle II.

Mittlerer Dissoziationsgrad von Salzen bei 18^0 (für die Berechnung des Hydrolysegrades).

Konzentration in Normalität	Uni-univalent	Uni-bivalent
0,0001 n	0,99	0,98
0,0005 „	0,98	0,97
0,001	0,97	0,96
0,005	0,95	0,92
0,01	0,93	0,88
0,05	0,89	0,80
0,1	0,85	0,75
0,2	0,83	0,71
0,5	0,79	0,64
1,0	0,75	0,58

Tabelle III.
Dissoziationskonstanten der wichtigsten Säuren und Basen.
Anorganische Säuren.

Name	Temp.	Konstante	Säure-exponent	Autor
Arsenige Säure. . . .	25^0	6×10^{-10}	9,22	Wood
Arsensäure, 1. Stufe .	25^0	5×10^{-3}	2,30	Luther
Borsäure	25^0	$6,6 \times 10^{-10}$	9,18	Lunden
Kohlensäure	18^0	$3,04 \times 10^{-7}$	6,52	Walker und Cormack
2. Stufe	18^0	$6| \times 10^{-11}$	10,22	Auerbach und Pick
Phosphorsäure	25^0	$1,1 \times 10^{-2}$	1,96	Abbott und Bray
2. Stufe	25^0	$1,95 \times 10^{-7}$	6,7	,, ,, ,,
3. Stufe	25^0	$3,6 \times 10^{-13}$	12,44	,, ,, ,,
Pyrophosphorsäure . .	25^0	$1,4 \times 10^{-1}$	0,85	,, ,, ,,
2. Stufe	25^0	$1,1 \times 10^{-2}$	1,96	,, ,, ,,
3. Stufe	25^0	$2,9 \times 10^{-7}$	6,54	,, ,, ,,
4. Stufe	25^0	$3,6 \times 10^{-9}$	8,44	,, ,, ,,
Salpetrige Säure . . .	25^0	4×10^{-4}	3,40	Blanchard
Schwefelsäure, 2. Stufe	25^0	$1,7 \times 10^{-2}$	} 1,77	} Jellinek
		$3,2 \times 10^{-2}$	} 1,50	} Noyes en Stewart
Schweflige Säure . .	18^0	$1,7 \times 10^{-2}$	1,77	Kerp und Bauer
2. Stufe	15^0	$1,0 \times 10^{-7}$	7,00	Kolthoff
Schwefelwasserstoff .	18^0	$5,7 \times 10^{-8}$	7,24	Walker und Cormack
2. Stufe		$1,2 \times 10^{-15}$	14,92	Knox
Wasserstoffperoxyd .	25^0	$2,4 \times 10^{-12}$	11,62	Joyner

Organische Säuren.
Aliphatische Säuren.

Name	Temp.	Konstante	Säure-exponent	Autor
Äpfelsäure	25^0	4×10^{-4}	3,46	Walden (b)
2. Stufe	18^0	9×10^{-6}	5,05	Kolthoff
Ameisensäure	18^0	$2,05 \times 10^{-4}$	3,69	Kolthoff
Bernsteinsäure	25^0	$6,55 \times 10^{-5}$	4,18	Jones
2. Stufe	18^0	$5,9 \times 10^{-6}$	5,23	Kolthoff
n-Buttersäure	25^0	$1,53 \times 10^{-5}$	4,82	Jones
Citronensäure	25^0	$8,2 \times 10^{-4}$	3,09	Walden
2. Stufe	18^0	5×10^{-5}	4,30	Kolthoff
3. Stufe	18^0	$1,8 \times 10^{-6}$	5,74	Kolthoff
Cyanwasserstoff . . .	25^0	$7,2 \times 10^{-10}$	9,14	Madsen
Essigsäure	25^0	$1,86 \times 10^{-5}$	4,73	Lunden
Fumarsäure	25^0	$1,01 \times 10^{-3}$	3,00	Jones
2. Stufe	18^0	5×10^{-5}	4,30	Kolthoff
Glykokoll	25^0	$3,4 \times 10^{-10}$	9,37	Winkelblech
Glykolsäure	25^0	$1,52 \times 10^{-4}$	3,82	Ostwald (1)
Isobuttersäure	25^0	$1,48 \times 10^{-5}$	4,83	Jones
Maleinsäure	25^0	$1,54 \times 10^{-2}$	1,81	Jones
2. Stufe	18^0	8×10^{-7}	6,10	Kolthoff
Malonsäure	25^0	$1,63 \times 10^{-3}$	2,79	Jones
2. Stufe	18^0	3×10^{-6}	5,52	Kolthoff

Name	Temp.	Konstante	Säure-exponent	Autor
Milchsäure	25^0	$1,55 \times 10^{-4}$	3,81	Kolthoff
Oxalsäure	25^0	$3,8 \times 10^{-2}$	1,42	Chandler
2. Stufe	18^0	$3,5 \times 10^{-5}$	4,46	Kolthoff
Propionsäure.	25^0	$1,4 \times 10^{-5}$	4,85	White und Jones
Pyroweinsäure	25^0	$8,7 \times 10^{-5}$	4,06	White und Jones
Traubensäure	25^0	1×10^{-3}	3,00	Ostwald; Walden; White und Jones
Trichloressigsäure . .	18^0	$1,3 \times 10^{-1}$	0,88	Drucker
Valeriansäure	25^0	$1,6 \times 10^{-5}$	4,80	Francke; Drucker
Weinsäure	25^0	$9,7 \times 10^{-4}$	3,01	Ostwald; Walker (a)
2. Stufe	18^0	9×10^{-5}	4,05	Kolthoff

Aromatische Säuren.

Name	Temp.	Konstante	Säure-exponent	Autor
Benzoesäure	25^0	$6,86 \times 10^{-5}$	4,16	Jones
Diäthylbarbitursäure .	25^0	$3,7 \times 10^{-8}$	7,43	Wood
Gallussäure	25^0	4×10^{-5}	4,40	Ostwald (2)
Hippursäure	25^0	$2,38 \times 10^{-4}$	3,62	Jones
Kampfersäure	25^0	$2,67 \times 10^{-5}$	4,37	Jones
2. Stufe		$2,5 \times 10^{-6}$	5,60	Kolthoff
Mekonsäure	25^0			
o-Phthalsäure	25^0	$1,26 \times 10^{-3}$	2,90	Jones
2. Stufe		8×10^{-6}	5,10	Kolthoff
Phenol	25^0	$1,3 \times 10^{-10}$	9,89	Walker (2)
Pikrinsäure	25^0	$1,6 \times 10^{-1}$	0,80	Rothmund und Drucker
Saccharin	18^0	$2,5 \times 10^{-2}$	1,40	Kolthoff
Salicylsäure	25^0	$1,06 \times 10^{-3}$	2,97	Jones
Sulfanilsäure	25^0	$6,2 \times 10^{-4}$	3,21	Winkelblech
		$6,55 \times 10^{-4}$	3,18	Jones
Zimtsäure	25^0	$3,68 \times 10^{-5}$	4,43	Jones

Basen.

Anorganische Basen.

Basenexponent.

Name	Temp.	Konstante	Säure-exponent	Autor
Ammoniak.	18^0	$1,75 \times 10^{-5}$	4,76	Lunden
Hydrazin	25^0	3×10^{-6}	5,52	Bredig

Organische Basen.

Aliphatische Basen.

Name	Temp.	Konstante	Säure-exponent	Autor
Äthylamin	25^0	$5,6 \times 10^{-4}$	3,25	Bredig
Diäthylamin	25^0	$1,26 \times 10^{-3}$	2,90	,,
Dimethylamin	25^0	$7,4 \times 10^{-4}$	3,13	,,
Glykokoll	25^0	$2,7 \times 10^{-12}$	11,57	Winkelblech
Methylamin	25^0	$5,0 \times 10^{-4}$	3,30	Bredig
Triäthylamin	25^0	$6,4 \times 10^{-4}$	3,19	,,
Trimethylamin . . .	25^0	$7,4 \times 10^{-5}$	4,13	,,

Tabelle III.

Aromatische Basen.

Name	Temp.	Konstante	Basen-exponent	Autor
Anilin	25^0	$4,6 \times 10^{-10}$	9,34	Lunden
o-Phenetidin	20^0	$4,6 \times 10^{-10}$	9,34	Veley (1)
p-Phenetidin	15^0	$2,2 \times 10^{-9}$	8,66	,,

Heterocyclische Basen.

Name	Temp.	Konstante	Basen-exponent	Autor
Aconitin.	15^0	$3 \ \times 10^{-8}$	7,52	Veley (2)
Atropin	18^0	$1,7 \times 10^{-12}$	11,77	Weise und Levy
Brucin	15^0	$7,2 \times 10^{-4}$	3,14	Veley (2)
2. Stufe	15^0	$2,52 \times 10^{-11}$	10,60	,,
Chinolin	15^0	$1,6 \times 10^{-9}$	8,80	,,
Chinidin	15^0	$2,4 \times 10^{-7}$	6,62	,,
2. Stufe	15^0	$3,2 \times 10^{-10}$	9,50	,,
Chinin	15^0	$2,2 \times 10^{-7}$	6,66	,,
2. Stufe	15^0	$3,3 \times 10^{-10}$	9,48	,,
		$1,3 \times 10^{-10}$	9,89	Biddle
Cinchonidin	15^0	$3,7 \times 10^{-7}$	6,43	Veley (2)
2. Stufe	15^0	$3,3 \times 10^{-10}$	9,48	,,
		$5,1 \times 10^{-11}$	9,29	Biddle
Cinchonin	15^0	$1,6 \times 10^{-7}$	6,80	Veley (2)
2. Stufe	15^0	$3,3 \times 10^{-10}$	9,48	,,
		$6 \ \times 10^{-11}$	9,22	Biddle
Cocain	15^0	$2,5 \times 10^{-7}$	6,60	Veley (2)
Codein	—	1×10^{-7}	7	Weise und Levy
Colchicin	—	10^{-14}	14	,, ,, ,,
Emetin	15^0	$1,98 \times 10^{-6}$	5,70	Veley (2)!
		$5 \ \times 10^{-7}$	5,30	Weise und Levy
Hydrastin	15^0	1×10^{-7}	7	Veley (2)
Hyoscyamin	—	$1,9 \times 10^{-12}$	11,72	Weise und Levy
Isochinolin	15^0	$3,6 \times 10^{-10}$	9,44	Veley (2)
Kaffein	40^0	$4,1 \times 10^{-14}$	11,39	Wood
Koniin	25^0	$1,3 \times 10^{-8}$	2,89	Bredig
Narkotin	15^0	$7,9 \times 10^{-8}$	7,10	Veley
Papaverin	15^0	$9 \ \times 10^{-8}$	7,05	,,
Piperazin	25^0	$6,4 \times 10^{-5}$	4,19	Bredig
Piperidin	25^0	$1,6 \times 10^{-3}$	2,80	,,
Piperin	—	$1,0 \times 10^{-14}$	14,0	Weise und Levy
Pilocarpin	15^0	$1 \ \times 10^{-7}$	7,00	Veley
2. Stufe	15^0	$4,2 \times 10^{-11}$	10,39	Veley
Pyridin	25^0	$2,3 \times 10^{-9}$	8,64	Lunden.
Spartein.	—	$1,0 \times 10^{-2}$	2,00	Weise und Levy
2. Stufe	—	10^{-6}	6,0	,, ,, ,,
Strychnin	15^0	$1,43 \times 10^{-7}$	6,85	Veley
2. Stufe	—	$6 \ \times 10^{-11}$	10,22	,,
Theobromin	40^0	$4,8 \times 10^{-14}$	13,32	Wood
Theophyllin	25^0	$1,9 \times 10^{-14}$	13,72	,,
		$1,2 \times 10^{-14}$	13,92	Weise und Levy.

Literatur: Anorganische Säuren und Basen.

Wood, Journ. of the chem. soc. **93** 411 (1908).
Luther, Zeitschr. f. Elektrochem. **13**, 297 (1907).
Lunden, Journ. de Chim. Phys. **5**, 574 (1907).
Walker und Cormack, Journ. of the chem. soc. **27**, 5 (1900).
Auerbach und Pick, Arbeit. a. d. Reichs-Ges.-Amt **38**, Heft 2, (1911).
Abbott und Bray, Journ. of the Americ. chem soc. **31**, 729, 760 (1909).
Blanchard, Zeitschr. f. physik. Chem. **41**, 681, (1902); **51** 122 (1905).
Jellinek, Zeitschr. f. physik. Chem. **76**, 257 (1911).
Kerp und Bauer, Arbeit. a. d. Reichs-Ges.-Amt **26**, 299 (1907).
Kolthoff, Zeitschr. f. anorg. Chem. **109**, 69 (1920).
Joyner, Zeitschr. f. anorg. Chem. **77**, 103 (1912).
Bredig, Zeitschr. f. physik. Chem. **13**, 191, 322 (1894).
Knox, Transact. Farad. soc. 43, (1908).
Noyes en Stewart, Journ. of the Americ. chem. soc. **32**, 1133 (1910).

Organische Säuren und Basen.

Biddle, Journ. of the Americ. chem. soc. **37**, 2092 (1915).
Bredig, Zeitschr. f. physik. Chem. **13**, 191, 289 (1894).
Chandler, Journ. of the Americ. chem. soc. **30**, 694 (1908).
Drucker, Zeitschr. f. physik. Chem. **49**, 563 (1904)
Franke, Zeitschr. f. physik. Chem. **16**, 463 (1895).
Jones und Mitarbeiter, Amer. Chem. Journ. **44**, 159 (1910); **46**, 56 (1912).
Kolthoff, Zeitschr. f. anorg. Chem. **111**, 50 (1920).
Lunden, Journ. de Chim. Phys. **5**, 145 (1907).
Madsen, Zeitschr. f. physik. Chem. **36**, 290 (1901).
Ostwald, Zeitschr. f. physik. Chem. (1) **3** 170; (2) 241; (3) 369; Tabelle
    418—422.
Roth, Ber. d. Dtsch. Chem. Ges. **33**, 2032 (1908).
Rothmund und Drucker, Zeitschr. f. physik. Chem. **46**, 827 (1903).
Veley, Journ. of the chem. soc. **93**, 652, 2122 (1908); **95**, 1, 758 (1909).
Walden, Zeitschr. f. physik. Chem. **8**, 433 (1891); **10**, 563, 638 (1892),
    Ber. d. Dtsch. Chem. Ges. **29**, 1699 (1896).
Weise und Levy, Journ. de Chim. Phys. **14**, 261 (1916).
White und Jones, Journ. of the Americ. chem. soc. **44**, 197 (1910).
Winkelblech, Zeitschr. f. physik. Chem. **36**, 546 (1901).
Wood, Journ. of the chem. soc. **89**, 1831 (1906).

Tabelle IV.
Umschlagsintervall von Indicatoren.

Indicator	Intervall in p_H	Saure — alkalische Färbung	Indicatormenge in 10 cm³
Methylviolett	0,1— 1,5	gelb — blau	3—8 Tr. 0,5°/₀₀
„	1,5— 3,2	blau — violett	1—4 Tr. 0,5°/₀₀
Methanilgelb	1,2— 2,3	rot — gelb	3—5 Tr. 0,1°/₀₀
Thymolsulfonphthalein	1,2— 2,8	rot — gelb	2—5 Tr. 0,4°/₀₀
Tropäolin 00	1,3— 3,2	rot — gelb	1—3 Tr. 1°/₀₀
Benzopurpurin	1,3— 5,0	blauviolett — orange	1—3 Tr. 0,5°/₀₀
Dimethylgelb . . . . (= Dimethylamino- azobenzol)	2,9— 4,0	rot — blau	5—10Tr. 0,1°/₀₀
Methylorange	3,1— 4,4	rot — orangegelb	3—5 Tr. 0,1°/₀₀
Tetrabromphenol- sulfonphthalein. . .	3,0— 4,6	gelb — blau	2—5 Tr. 0,4°/₀₀
Congo	3,0— 5,2	blauviolett — rot	1—5 Tr. 1°/₀₀
Alizarin-Natrium . . .	3,7— 5,2	gelb — violett	1—5 Tr. 1°/₀₀
Resasurin	3,8— 6,5	orange — dunkelviolett	1—5 Tr. 0,1°/₀₀
Isopicraminsäure . . .	4,1— 5,6	rosa — gelb	1—5 Tr. 0,5°/₀₀
Methylrot	4,2— 6,3	rot — gelb	2—4 Tr. 0,2°/₀₀
Lackmoid	4,4— 6,4	rot — blau	1—5 Tr. 2°/₀₀
p-Nitrophenol	5,0— 7,0	farblos — gelb	3—20Tr. 0,4°/₀₀
Dibromocresolsulfon- phthalein	5,2— 6,8	gelb — purpur	1—4 Tr. 0,2°/₀₀
Dibromthymolsulfon- phthalein	6,0— 7,6	gelb — blau	1—4 Tr. 0,4°/₀₀
Neutralrot	6,8— 8,0	rot — gelb	2—4 Tr. 0,2°/₀₀
Azolithmin (Lackmus).	5,0— 8,0	rot — blau	10—20Tr. 0,5°/₀₀
Phenolsulfonphthalein.	6,8— 8,4	gelb — rot	1—4 Tr. 0,2°/₀₀
Rosolsäure.	6,9— 8,0	braun — rot	1—4 Tr. 0,5°/₀₀
Diortho-hydroxystyril- keton	7,3— 8,7	bromgelb — grün	1—5 Tr. 0,5°/₀₀
o-Cresolsulfonphthalein	7,2— 8,8	gelb — rot	1—4 Tr. 0,2°/₀₀
Brillantgelb	7,4— 8,5	gelb — rotbraun	1—3 Tr. 1°/₀₀
α-Naphtholphthalein .	7,3— 8,7	rosa — blau	2—5 Tr. 1°/₀₀
Tropäolin 000 . . .	7,6— 8,9	braungelb — rosarot	1—5 Tr. 0,5°/₀₀
Curcumin	7,8— 9,2	gelb — rotbraun	1—5 Tr. 0,5°/₀₀
Thymolsulfonphthalein	8,0— 9,6	gelb — blau	1—4 Tr. 0,4°/₀₀
Phenolphthalein . . .	8,2—10,0	farblos — rot	3—20Tr. 0,5°/₀₀
α-Naphtholbenzoin . .	9,0—11,0	gelb — blau	1—5 Tr. 0,5°/₀₀
Thymolphthalein . . .	9,3—10,5	farblos — blau	3—10Tr. 0,4°/₀₀
Alizaringelb	10,1—12,1	gelb — lila	5—10Tr. 0,1°/₀₀
Tropäolin 0	11,0—13,0	gelb — orangebraun	5—10Tr. 0,1°/₀₀
Alizarinblau S	11,0—13,0	grün — blau	1—5 Tr. 0,5°/₀₀
Poirriers Blau	11,0—13,0	blau — violettrosa	1—5 Tr. 0,5°/₀₀
Nitramin	11,0—13,5	gelb — orangebraun	1—3 Tr. 0,5°/₀₀

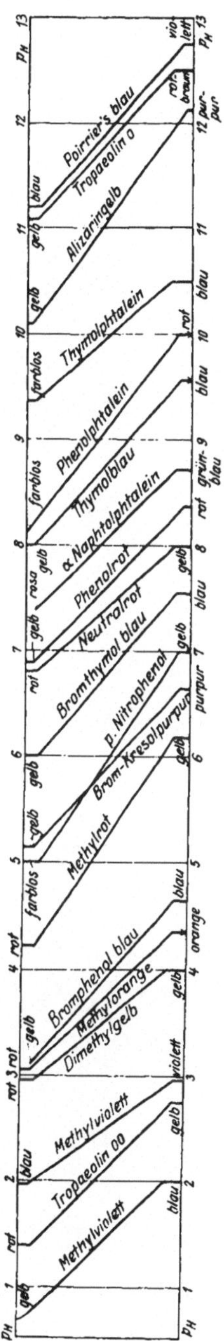

Verlag von Julius Springer in Berlin.